FFO-45 型粉碎机

9FW-320-2 劲锤式万能粉碎机

农村小型米面加工厂一角

1

9FZ-280 型锤片式粉碎机

9FQ-40 型锤片式饲料粉碎机

3DMW150-1 型多用电磨

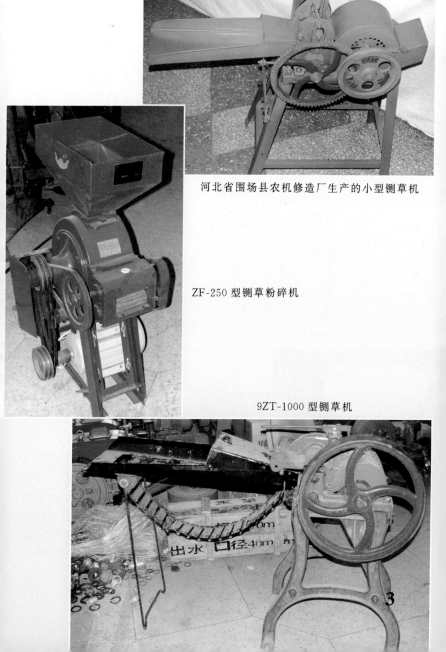

河北省围场县农机修造厂生产的小型铡草机

ZF-250 型铡草粉碎机

9ZT-1000 型铡草机

3

9Z-0.5 型铡草机

粉浆搅拌机

FDMZ 型自动分离磨浆机

使用中的小型铡草机

4

"帮你一把富起来"农业科技丛书

农村加工机械使用技术问答

编著者

郝双印　谭宗九　张嘉瑞

金盾出版社

内 容 提 要

本书从村镇实际出发,以问答形式较全面具体地介绍了碾米、磨粉、薯类加工、饲料加工等各种农村加工机械的类型、构造、性能、安装与操作技术、维修保养以及故障的排除方法。该书文字通俗简练,科学性、实用性和可操作性强,适合村镇农副产品加工专业户、养殖专业户和广大农户阅读。

图书在版编目(CIP)数据

农村加工机械使用技术问答/郝双印等编著.—北京:金盾出版社,2000.12

("帮你一把富起来"农业科技丛书/刘国芬主编)

ISBN 7-5082-1405-6

Ⅰ.农… Ⅱ.郝… Ⅲ.农副产品加工机械-使用-问答 Ⅳ.S68

中国版本图书馆 CIP 数据核字(2000)第 48247 号

金盾出版社出版、总发行

北京太平路 5 号(地铁万寿路站往南)

邮政编码:100036 电话:68214039 68218137

传真:68276683 电挂:0234

彩色印刷:北京百花彩印有限公司

黑白印刷:北京 3209 工厂

各地新华书店经销

开本:787×1092 1/32 印张:6.125 彩页:4 字数:131 千字

2001 年 5 月第 1 版第 2 次印刷

印数:11001—22000 册 定价:6.00 元

(凡购买金盾出版社的图书,如有缺页、
倒页、脱页者,本社发行部负责调换)

"帮你一把富起来"农业科技丛书编委会

序

随着改革开放的深入和现代化建设的不断发展,我国农业和农村经济正在发生新的阶段性变化。要求以市场为导向,推进农业和农村经济的战略性调整,满足市场对农产品优质化、多样化的需要,全面提高农民的素质和农业生产的效益,为农民增收开辟新的途径。农村妇女占农村劳动力的 60% 左右,是推动农村经济发展的一支重要力量。提高农村妇女的文化科技水平,帮助她们尽快掌握先进的农业科学技术,对于加快农业结构调整的步伐,增加农村妇女的家庭收入具有重要意义。

根据全国妇联"巾帼科技致富工程"的总体规划,全国妇女农业科技指导中心为满足广大农村妇女求知、求富的需求,从 2000 年起将陆续编辑出版一套"帮你一把富起来"科普系列丛书。该丛书的特点:一是科技含量高,内容新,以近年农业部推广的新技术、新品种为主;二是可操作性强,丛书列举了大量农业生产中成功的实例,易于掌握;三是图文并茂,通俗易懂;四是领域广泛,丛书涉及种植业、养殖业、农副产品加工等许多领域,如畜禽的饲养管理技术、作物的病虫害防治、农药及农机使用技术以及农村妇幼卫生保健等。该丛书是教会农村妇女掌握实用科学技术、帮助她们富起来的有效手段,也是农村妇女的良师益友。

"帮你一把富起来"丛书由农业科技专家、教授及第一线的科技工作者撰稿。他们在全国妇女农业科技指导中心的组织下，为农村妇女学习农业新科技、推广应用新品种做了大量的有益工作。该丛书是他们献给广大农村妇女的又一成果。我相信，广大农村妇女在农业科技人员的帮助下，通过学习掌握农业新技术，一定会走上致富之路。

沈淑济

2000年10月

沈淑济同志现任全国妇联副主席、书记处书记

目　录

一、用好农村加工机械的现实意义

1. 什么是农村加工机械？

农村用来对农副产品进行加工处理的中、小型机械设备，称之为农村加工机械。这些机械多数为农户所有，也有联户和乡村集体经营的。这些机械把农户和农村的农副产品加工处理变为商品，起到增值作用。这些机械的动力多数为电动机，也有用柴油机和小型拖拉机带动的。目前，我国农村的加工机械大体分为以下几类：碾米机械、磨粉机械、饲料加工机械、薯类加工机械、其他加工机械。

2. 用好农村加工机械有哪些现实意义？

过去，农村发展加工机械，主要是代替石碾、石磨、石碓等笨重的加工工具，加快加工速度，以解放农村劳动力为目的。改革开放以来，农村加工机械不仅能达到上述目的，还成了农民发家致富的重要工具，农副产品的加工已发展为农民致富奔小康的一个重要途径。农村加工机械近年来发展很快，不仅数量增多，而且加工机械的类型种类不断增多，加工机械的质量和效率不断提高，技术水平进步很快。在农村出现了许多小加工厂、加工点和流动加工车等，不仅为农民服务，解决了部分农户加工难的问题，同时也赚到了加工费，增加了收入。特别值得提出的是，掌管这些加工厂点、操作机械的大部分是农村妇女，她们在致富路上不断开拓进取。

随着农村经济不断发展，科学技术水平不断提高，农业产业化不断优化升级,种、养、加、销成为产业化的重要环节,农村加工业将有很大发展,使用加工机械的队伍还会扩大。尽快普及机械构造原理、使用维护方法、安全操作和故障排除等方面的知识,是用好农村加工机械的重要前题。只有机械使用技术的普及,才能达到正确操作,安全生产,提高生产效率,降低机械损坏率,减少或杜绝事故发生,充分发挥农村加工机械的作用,实现农民发家致富的目的。

3. 怎样用好农村加工机械?

(1)选购好机械　在购买加工机械时,首先要选好型号,再根据加工量的多少选择型号的大小,比如购买米面加工机械,首先要掌握服务区内有多大加工量,作业高峰时,如过年过节时每天有多大加工量。根据加工量的需要,选择具备相应生产率的机械。也就是说,加工量大,选型号大的;加工量小,选型号小的,避免造成浪费。

其次是根据动力情况,确定选购三相电源或是两相电源,还是柴油机、小拖拉机带动的机械。在选购其他加工机械时也一样,一要考虑工作量,二要考虑动力,避免造成浪费,增加成本。

三是选购质量良好的机械。同样型号的机械,在购买时要选国家定型的,质量合格的产品,要选技术水平高,设备先进,产品质量信誉好的国家定点生产厂家的产品,绝不能购买不合格产品。购买的机械一定要有使用说明书,出厂合格证,保修单等有关技术资料。机器上一定要有铭牌,比较大型的机械还需要有随机备件。

在购买机械时还要从以下方面检查产品质量:从机械外表检查,结构要紧凑,零件要齐全,完整光洁,螺丝紧固,表面油漆完好,焊接部位没有不牢固和开焊现象;机械的主要工作构件要仔细检查,不能有损坏和技术缺陷;各转动部件一定要转动灵活;各调节机构要灵敏有效。

(2)安装好机械 当前农村加工机械分室内固定加工和室外流动加工两种。室内固定的加工机械,一般要选电源方便,交通便利,地方宽敞,有原料和产品存放场地的场所,一般多设在住房集中的村镇边缘。固定机械安装时,一定要打好水泥机座,机座上平面要基本水平,下好地脚螺丝。机械安装好后,要平稳牢固。本身不带电动机的机械,安装后主动轮一定要和动力电机的驱动轮中心线平行,保证动力传动平稳可靠。

流动加工机械多在临时场地安装,环境条件差,更需细心认真,安装后一定要牢固可靠,操作方便,动力传动平稳安全。农村中一些流动加工的机械,有的安装在拖车或农用三轮车上。加工机械用小拖拉机的动力传动装置带动,有的是皮带轮,有的是动力输出轴,均有一套专用的传动设备,这套传动设备一定要稳固安全可靠。

(3)维护保养好机械 加工机械的维护保养主要有以下几项:①经常检查各部位螺丝,特别是各部位连接螺丝和安装固定螺丝,如有松动,应及时上紧。主要工作构件要经常检查,发现严重磨损或损坏要及时更换。主要工作构件使用到了说明书规定的时间,必须更换新品,以防突然损坏,造成重大事故。②经常检查调整各部间隙,使间隙保持正常,间隙过大或过小都容易造成机械损坏。③每天工作结束后,要停机清理各部堵塞物,清除各部油污脏物,保持机械清洁。在清理中,如发现螺丝松动要及时上紧;发现零件损坏要及时更换;发现其他故障要及时排除。每天作业完了,要按润滑部位加注润滑油,保证各部运转灵活。④按机械使用说明书要求,做好其他项目的维护保养工作。

(4)做好安全生产工作　加工机械的安全生产工作非常重要,稍有疏忽就会造成重大事故。安全生产工作主要有以下几项:①加强安全生产教育。加工作业场地,除机械操作人员外,其他闲杂围观人员和加工用户,不要随意操作搬弄机械,不要过于靠近加工机械,以防事故发生。②加工机械的动力传动部位(多数为胶带传动)要安装安全防护罩,流动加工的机械也要加装安全防护罩,以防将人的衣服、头发等缠绕进去,造成人员伤亡。有的加工场地,在作业机械的四周安装上铁棍焊制的栏杆,使非操作人员不能靠近,这种做法很好,减少了事故的发生。③维护保养好机械。加强对加工机械检查保养,保证机械正常运转,可减少事故发生,保证安全生产。加工机械出现意外事故,多是因为传动部位没有安全防护罩,安装固定松动,运转不平稳,机械移动错位、翻转,机械主要工作构件松动损坏,高速旋转零件脱落甩出,造成人身伤害。因此,加强机械维护保养,使之经常处于良好技术状态,是保证安全生产的关键。使用好的机械和质量合格的零配件,也是保证安全生产的重要条件。④对正在作业中的机械,不能进行排除故障和清理堵塞,也不能进行维修保养,以上工作一定要在停车后进行。⑤注意用电安全,严防火灾发生。

二、碾米机械

4. 什么叫砻谷？砻谷的要求是什么？

在稻谷加工过程中,去掉稻谷颖壳(俗称脱壳)的工艺过程称为砻谷。用稻谷直接进行碾米,不仅能量消耗大,生产效率低,碎米多,出米率低,而且成品色泽差,含谷粒多,纯度和质量都低。因此,现在碾米,大多数都将经过清理去杂后的稻谷,先把颖壳去掉,制成纯净的糙米后再进行碾米,这样可以提高米的质量。

当前,使稻谷脱壳的方法,大都是利用砻谷机直接对稻谷施加机械外力,使稻壳遭到破坏并与糙米分开。由于稻谷本身存在一定差异,目前所使用的砻谷机,不能一次将所有稻谷脱壳,也不可避免地会使一些谷粒受到损伤,如破碎和表面起毛等。砻谷时,要求尽量减少糙米损伤,尽量提高脱壳率,尽量提高加工量,降低消耗。

5. 砻下物都包括哪些产品?

稻谷经过砻谷机加工后的混合物称为砻下物。砻下物包括以下产品:

(1)糙米 它是混合物中的主要产品,提供给碾米机碾米的原料。

(2)稻谷 砻谷后尚未脱壳的稻谷,需再进入砻谷机重新脱壳,故称回砻谷。

(3)稻壳 又叫大糠,系副产品,可作燃料或其他工业原料。

(4)碎糙米和未熟粒 碎糙米是砻谷过程中被损伤的糙米或原来损伤的稻谷经脱壳后的糙碎。未熟粒包括瘪稻谷和被脱壳的未成熟粒,色泽为青色或白色,全部为粉质,不透明,粒型小而扁薄,其成分与糙米相似,是价值较高的副产品,可作工业用粮及饲料。

(5)毛糠 它是砻谷时被粉碎的糙米、未熟粒、稻壳和米糠等混合物,含有一定数量的淀粉和其他有用成分,可作饲料或酿酒原料。

6. 砻谷脱壳方式有几种? 砻谷机分几类?

根据脱壳时的受力和脱壳方式,稻谷脱壳可分为挤压搓撕脱壳、端压搓撕脱壳和撞击脱壳 3 种。挤压搓撕脱壳是指粮粒两侧受两个不等速运动的工作面的挤压,搓撕而脱去颖壳的方法,属于这种方法脱壳的砻谷机有胶辊砻谷机和辊带式砻谷机。端压搓撕脱壳是粮粒长度方向的两端受两个不等速运动的工作面的挤压,搓撕而脱去颖壳的方法,如砂盘砻谷机。撞击脱壳是指高速运动的谷粒与固定工作面撞击而脱壳的方法,如离心砻谷机。

砻谷机种类很多,一般都能完成砻谷和砻下物分离两项作业,也有的砻谷机只完成脱壳,砻下物分离作业另有分离机具完成。根据脱壳原理和工作构件的特点,砻谷机可分为以下 4 种:胶辊砻谷机、砂盘砻谷机、离心砻谷机和辊带式砻谷机。

7. 胶辊砻谷机的基本构造和工作过程是怎样的?

胶辊砻谷机简称胶砻,它的主要工作构件是 1 对富有弹性的胶辊(图 1)。两辊不等速相向转动,稻谷进入两辊间,受到胶辊的挤压和摩擦所产生的搓撕作用,给稻谷以挤压力和摩擦力,使稻壳破裂,与糙米分离。由于胶辊富有弹性,不易损伤米粒,所以胶砻具有出碎米率低,加

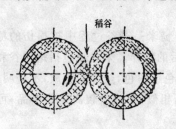

稻谷

图 1 胶辊砻谷机基本工作构件——胶辊

工量大,脱壳率高等良好工艺性能,是目前砻谷设备中较好的一种,因而得到广泛使用。

胶辊砻谷机结构形式很多,一般都由喂料机构、胶辊、辊压(轧距)调节机构、胶辊传动机构、稻壳分离装置和机架等组成。

胶辊砻谷机工作过程见图2所示,稻谷由进料斗通过流量控制机构后,经喂料淌板均匀而准确地送入两胶辊间脱壳。脱壳后的砻下物由稻壳分离装置使稻壳与谷糙分开,谷糙由出料口流出机外,进行谷糙分离,稻壳由风机吹走。

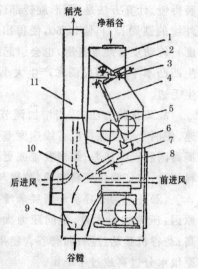

图2 胶辊砻谷机工作过程

1. 进料斗 2. 闸门 3. 短淌板
4. 长淌板 5. 胶辊 6. 匀料斗
7. 匀料板 8. 鱼鳞淌板 9. 出料斗
10. 稻壳分离室 11. 风管

8. 胶辊砻谷机常见故障产生的原因及排除方法是什么?

(1)脱壳率过低 发生故障的原因:辊压调节机构的重砣加得太轻,辊间压力不够;快辊胶层磨耗过多;胶辊传动机构的齿轮箱档位选择不当,造成线速度差降低(线速度是表示机械中轮、辊、盘等圆形旋转部件旋转速度的名词,以米/秒为单位。线速度高,则表示圆形旋转部件转得快;线速度低,则表示转得慢。计算方法是:圆形旋转部件每分钟的转数乘以该部件外缘的圆周长,再除以60,便得出每秒钟转多少米长的线速度);传动皮带严重打滑,也会引起线速度差降低;胶辊表面产生凹凸不平、起槽失圆和产生大小头;进料流量过大;胶辊产生毛边。

故障排除方法:适当增加调节压砣重量;变换快、慢辊线速,使两个胶辊保持应有线速度差;张紧传动皮带,减少打滑,提高两胶辊线速差;维修胶辊或更换不合格胶辊;适当控制进料流量;保证淌板导料准确,胶辊与淌板两边对齐。

(2)砻下物含碎米和断腰米增多,米粒染黑 发生故障的原因:压砣加得太重,辊间压力太大;线速差过大,脱壳率过高;砻谷机震动过剧;回砻谷含糙米过多;胶辊表面硬度过高;原粮水分过高或过于干燥。

故障排除方法:适当减轻压砣重量;调节快慢辊线速,保证正常线速差,降低脱壳率;正确固定砻谷机,减轻砻谷机震动;控制回砻谷含糙米不超过10%;调换硬度不合适的胶辊,胶辊露铁后应及时更换;适当控制原粮水分,根据原粮情况合理掌握脱壳率。

(3)稻壳内含粮过多 发生故障的主要原因:吸风量过大,引起吸口风速过高;稻壳分离淌板安装不正,角度过平,板面不平整或后风门调节板过低;匀料斗(板)磨穿。

故障排除方法:适当减少吸风量;仔细检查稻壳分离淌板,保证板面平整,调节正确;更换磨穿的匀料斗(板)。

(4)砻下物含稻壳过多 发生故障的原因:吸风量不够;稻壳风管、稻壳间或稻壳收集器堵塞;稻壳分离淌板角度过大或后风门调节板过高与过低;吸风口风管漏风;匀料斗(板)磨穿。

故障排除方法:适当增加风量;检查清理风管、稻壳室及收集器;仔细检查调整溜板角度或后风门调节板;加强风管密封;更换匀料斗(板)。

(5)胶辊表面出现沟槽 发生故障的原因:进料流层厚薄不匀或流量过大;砻谷机震动过剧;原料含硬性杂质过多;落料冲击胶辊;线速度过低或线速差过大;原料水分过高;胶辊硬度选择不当。

故障排除方法:保证溜板平整,清除落料口杂质等障碍,控制流量;正确安装固定砻谷机,减少机器震动;加强原粮清理去石和磁选;正确调整溜板角度,使落料对准轧距;合理调整线速和线速差;控制进机原粮水分不要太高;根据气温,合理选择胶辊硬度。

(6)胶辊产生大小头 发生故障的原因:两胶辊轴中心线安装不平行;闸门开启大小不一致,溜板两侧高低不一;压砣一边重,一边轻;胶辊保管不善,变形变质;回砻谷进机前与净谷掺和不匀;两边手轮压紧弹簧弹力不一致。

故障排除方法:保证两胶辊轴线平行;保证料门大小开启一致,溜板安装平整,角度一致;检查杠杆机构,调整压砣位置;加强胶辊维护,使回砻谷与净谷掺和均匀;更换弹性不一致的手轮压紧弹簧。

(7)胶辊中部产生凹凸现象 发生故障的原因:溜板下料不匀,中间和两边厚薄不一致;溜板宽度窄于胶辊;两胶辊中心线不平行;进料闸门磨损成月牙形。

故障排除方法:检查溜板的平整度和角度,调节机械的安装情况,使进料闸门开启一致;更换不合格的溜板;校正胶辊,使两胶辊中心线平行;更换磨损不能用的闸门。

(8)胶辊产生麻点或云斑 发生故障的原因:稻谷中含硬

性杂质(如石块)过多;回砻谷含糙米过多;压砣太重,使辊间压力太大而产生高温;胶辊质量不合格;活动辊发生跳动;胶辊表面沾油腐蚀。

故障排除方法:加强对加工稻谷的清理,清除石块等硬性杂质;降低回砻谷含糙率;调整压砣重量,使其恢复正常;使用质量合格的胶辊;检查活动胶辊轴承或轴承附件是否松动,如有松动,要加以紧固,轴承磨损严重的应予更换;加强胶辊保养,清除油污。

(9)砻谷机震动过剧 发生故障的原因:安装固定的零件或螺丝松动;胶辊不平衡;胶辊轴承损坏;传动皮带过紧或过松;线速和线速差过大。

故障排除方法:检查紧固安装固定的零件、螺丝;校正胶辊偏重、失圆与轴的同心度,检查胶辊校正时所加平衡物是否脱落;更换损坏的轴承;调整传动皮带松紧度;合理调整线速和线速差。

(10)自动松紧辊机构失灵 发生故障的原因:行程开关支架或感应板上的螺钉松动;电路发生故障;压砣紧辊机构杆件连接松脱;活动辊轴承座与销轴卡死。

故障排除方法:在断电情况下,调整行程开关支架或感应板的位置,并拧紧螺钉;排除电路故障;紧固调整各连接杆件;拆下清洗卡死的销轴与轴承,使之恢复灵活状态,必要时更换新件。

9. 砂盘砻谷机的构造和工作过程是怎样的?

砂盘砻谷机的基本工作构件是两个砂盘,上盘固定,下盘转动,谷物在两砂盘间隙内受到挤压、剪切、搓撕和撞击等作用而脱壳。其优点是结构简单,造价低,工作时不受气温影响,砂盘可以自行浇制,使用成本低;缺点是对糙米损伤大,产生碎米多,稻谷出米率低(图3)。

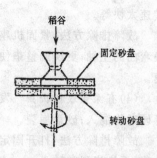

砂盘砻谷机可分为带稻壳分离装置和不带稻壳分离装置两种。我国定型的砂盘砻谷机是带稻壳分离装置的。其结构上部为砂盘,下部为稻壳分离装置。轧距调节手轮在侧面,稻

图 3　砂盘砻谷机主要工作构件

壳吸出风管在后面。传动轮装在砂盘下部,可用立式电动机装在机架上直接传动。稻谷由进料斗进入,流经流量控制闸门进入砂盘间脱壳。脱壳后的混合物进入稻壳分离装置,稻壳由风道吸走,谷糙混合物由底部出料口流出。

10. 砂盘砻谷机故障产生的原因是什么？怎样排除？

(1)生产率降低　发生故障的原因:砂盘砻谷机主轴没达到额定转速;砂盘严重磨损;砂盘间隙过小。

故障排除方法:保证额定转速;更换新砂盘;正确调整砂盘间隙。

(2)含谷率高　发生故障的原因:砂盘转速低;砂盘磨损严重;砂盘间隙太大;进料流量过大;稻谷湿度大,不利于加工等。

故障排除方法:提高砂盘转速;更换或斫修砂盘;正确调整砂盘间隙;减少进料流量;晒干稻谷,使之便于加工。

(3)砻谷机工作时发生剧烈震动　发生故障的原因:安装机座不稳固;紧固机件或螺丝松动;主轴弯曲;机器安装不平;

转速太快等。

故障排除方法：紧固机座和紧固连接件和螺丝；修理或更换弯曲的主轴；更换调整垫使机器处于水平状态；保证额定转速。

（4）有噪音或撞击声　发生故障的原因：稻谷中有小铁屑等硬杂物混入；砂盘崩裂。

故障排除方法：打开固定砂盘清理杂物，清理稻谷中的硬杂物；更换崩裂的砂盘。

11. 离心砻谷机的总体构造和工作过程是怎样的？

离心砻谷机又称甩谷机，是利用谷粒与构件发生冲击碰撞而脱壳的一种砻谷机（图4）。它的基本工作构件为金属甩盘和在它外围的冲击圈。稻谷由甩盘抛射到冲击圈上，借撞击作用脱壳。冲击圈有砂质（石制或金刚砂制）和胶质两种。砂质冲击圈使用寿命长，但出碎米率高。胶质冲击圈出碎米率低，但易磨损，使用寿命短。这种砻谷机具有结构简单，

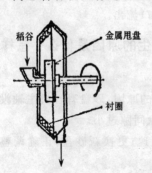

图 4　离心砻谷机主要工作构件

操作方便，脱壳率不受稻谷粒度影响，造价低廉等优点，缺点是出碎米率较高。

离心砻谷机是平轴式离心砻谷机的一种，它的工作过程是：当甩料盘以逆时针高速转动时，由加料管导入的物料，先和转盘的下部叶片接触碰撞，并被加速，沿叶片的齿沟往外移

动,及至盘边便靠其自身的运动惯性抛向自由空间而斜撞到冲击圈上,使大部分谷粒因受瞬时强大的动压和摩擦作用而脱壳。砻下物再送分离设备进行稻壳分离和谷糙分离。

甩盘是由两块整圆薄钢板和 8 个均匀分布的弧形铸铁叶片借长螺栓连成一体的,每个叶片的工作面,均有纵向齿沟,以促进叶片上谷流的疏散和谷粒的导向。

冲击圈的内表面呈截锥台阶形,锥角约 60°,一般采用橡胶一类具有弹性的材料,碎米率可以大大降低,但橡胶冲击圈易磨损,成本较高。

12. 辊带式砻谷机的构造和工作过程是怎样的?

辊带式砻谷机的基本工作构件是金属齿辊和无接头橡胶带,齿辊的线速比胶带快,依靠挤压力和摩擦力使稻谷脱壳(图 5)。稻谷由料斗进入后通过淌板送到无接头胶带上,被带入胶带与金属齿辊间的工作区脱壳。

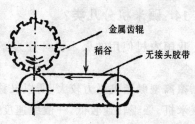

图 5　辊带式砻谷机主要工作构件

辊带式砻谷机的特点是:碎米率低,脱壳率高,但体积大,产量低,造价高,无接头胶带需专门工厂生产,所以这种砻谷机使用不广泛。

13. 碾米的目的、要求是什么?

碾米的目的主要是碾除糙米皮层。糙米皮层中含有较多的粗脂肪、粗蛋白质和少量钙磷及维生素等营养成分,但也含有较多的粗纤维。同时,吸水性和膨胀性都比较差,如用糙米煮饭,不仅时间长,出饭率低,而且粘性差,颜色深,所以糙米必须碾除皮层,才能提高其食用品质。糙米去皮的程度,是衡量大米精度的依据,糙米去皮愈净,成品大米精度愈高,精度是评定大米等级的一个重要依据。

碾米的基本要求,是在保证成品大米符合规定质量标准的前提下,尽量保持米粒完整,减少碎米,提高出米率,提高大米纯度(即减少杂质含量),降低动力消耗。保证碾米过程中米粒完整,减少碎米,不仅是提高出米率的重要途径,而且是提高成品大米质量和商品价值的重要保证。以上所讲是对大米(稻谷)的加工要求,我国北方的小米(谷子),属杂粮类,以去皮净、碎米少,米中含谷量少,含杂质量少为加工的基本要求。

14. 碾米机分几类?

我国农村使用的碾米机可分为擦离型、碾削型和混合型3大类。

擦离型碾米机压力较大,所以又称压力式碾米机,均为铁辊碾米机。碾辊转速较低,一般线速度在5米/秒左右,由于碾白压力较大,米粒在碾白室的密度较大,即单位碾白室容积的米粒数较多,在碾制相同数量大米时,其碾白室容积比其他类型的碾米机要小,因此擦离型碾米机的机型较小。此种碾米机由于碾白压力较大,可以用稻谷直接碾米,但出碎米率高,动力消耗较大。此外,它还能用于碾轧饲料等,具有一机多能的特点,而且结构简单,价格便宜,操作维修也较方便,适用于农村。

碾削型碾米机为砂辊碾米机,碾辊线速较高,一般在15米/秒左右。由于碾白压力较小,米粒在碾白室的密度较小,相应的碾白室容积较大,与生产能力相当的擦离型碾米机比较,机型也较大。

　　混合型碾米机均为砂辊或砂铁辊结合的碾米机,碾辊线速介于擦离型和碾削型碾米机之间,一般为 10 米/秒左右,碾白平均压力和米粒密度比碾削型碾米机稍大,机型适中。混合型碾米机由于兼具擦离型和碾削型碾米机的优点,工艺效果较好,并能一机出白,减少碾米工序。

　　碾米机按碾辊性质可分为铁辊碾米机和砂辊碾米机两大类。铁辊碾米机即擦离型碾米机,砂辊碾米机则为碾削型和混合型碾米机。碾米机还可以按照碾米机碾辊主轴的装置形式,分为立式碾米机和横式碾米机(图 6)两大类。主轴立装的为立式碾米机,这种机型多为砂辊碾米机,属于碾削型,碾白压力很小,适宜于碾制籽粒结构松脆的粉质米,也适用于高粱脱壳碾米,玉米破楂,粟子(谷子)碾米等杂粮加工。该式碾米机

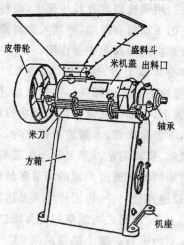

皮带轮　　　　　　　　　　　盛料斗
　　　　　　　　　　米机盖　出料口

米刀　　　　　　　　　　　　　轴承

方箱

　　　　　　　　　　　　　　机座

图 6　横式(卧式)碾米机外形图

由于碾白作用小，一般需多机多道碾白。立式碾米机加工量较低，加上立式传动比较麻烦，目前我国使用较少。凡是碾辊主轴水平置放的均属横式碾米机，其类型很多，除用来碾制大米外，还可用于杂粮加工，是目前国内使用的主要机型。

15. 横式铁辊碾米机的构造、工作原理以及工作过程是怎样的？

横式铁辊碾米机是利用摩擦擦离作用将糙米或稻谷加工成白米的粮食加工机械，它结构简单，性能好，产量高，操作方便，使用范围广，并具有米糠自动分离的特点。因此，适用于广大农村和小城镇加工稻谷之类的粮食。其构造主要由进料、碾白、机座、米糠分离等部分组成（图7）。下面将这几部分分述如下：

（1）进料部分　由进料斗、料斗座、进料调节板等组成。进料斗由铁皮制成，用螺栓固定在料斗座上，而料斗座用螺钉固定在上盖上，它的下面留有间隙，可插入进料调节板调节进料量，它对控制碾米机的负荷起主要作用。

（2）碾米部分　由上盖、铁辊筒、机箱米刀、米筛等组成。这部分是碾米机的主要工作部件。铁辊筒通过中心键及两端闷盖固定在主轴上，主轴又支撑在机箱两端的轴承内，辊筒上面是米机上盖，下面是米筛，米筛装于机箱内，利用压条（三角铁）及筛托与机箱、机座固定。米刀装于机盖与机箱之接触面上，米刀与辊筒的间隙可通过两端的调节螺丝调节。米机上盖与机箱一边用铰链连接，另一边用弓形夹及压紧螺钉固定，使用方便。辊筒、上盖、米筛之间的空间称为碾白室，糙米（或稻谷）的碾白就在室内进行。整个机箱前倾 25°～30°，便于米粒排出和米筛拆装。现将碾米部分的主要部件介绍如下：

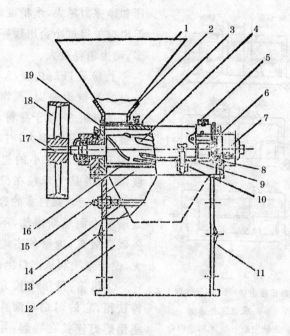

图 7　横式铁辊碾米机结构

1. 进料斗　2. 料斗座　3. 进料调节板　4. 铁辊筒　5. 出米调节板
6. 出米嘴　7. 轴承　8. 米刀调节螺钉　9. 米刀　10. 弓形夹
11. 墙板　12. 前遮板　13. 出糠板　14. 拉杆螺栓　15. 机箱
16. 米筛　17. 主轴　18. 皮带轮　19. 上盖

　　①上盖(图 8)：是铸铁制成的,对加工性能有很大影响,它的外形呈半圆形,与机箱共同组成碾白室。左端顶面有一进料口,上面装有料斗座,原料由此进入机内,右端半圆下面有一长方形出口,上面装有出米嘴,加工好的成品由此流出机外。在出口处装有出米调节板(图 9),用来控制出米的快慢,它对掌握出米的精度起重要作用。出口关得越小,米受到的挤

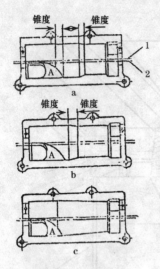

图 8 上 盖

a. 二段锥度上盖 b. 一段锥度上盖

c. 统锥度上盖

1. 主轴中心 2. 米机盖中心

压和摩擦力越大,米精度越高,但出口关得过小会出现碎米增多,动力消耗过大。

上盖进口的内壁 A 处有一过渡扩散形曲面,其作用是减少进料阻力,便于导料。整个上盖的内壁是左端大,右端小,中间有一逐渐缩小的过渡斜坡,其目的是使米粒在机内所受的压力随着碾白室的容积的逐渐缩小而逐渐增加,不断增强碾白效果,内壁的右端又增大,便于米顺利从出口抛出。

②机箱:是 1 个长方形的铸铁箱,它的两端与滚珠轴承座用螺钉连接在一起,并固定在两块墙板上。内面两侧装有两根压条,抵住米箱(参看图 7)。

③辊筒:是碾米机的主要工作部件,由冷模浇铸而成,表面为白口铁,质硬耐磨(图 10)。辊筒一般为两段,但也有整体铸造的,通过中心键和两端闷盖固定在轴上。辊筒靠近入口端有 2～3 条筋成

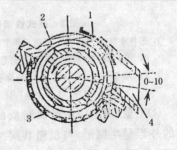

图 9 碾米机出口

1. 出口闸板 2. 铁辊筒

3. 米筛 4. 出口

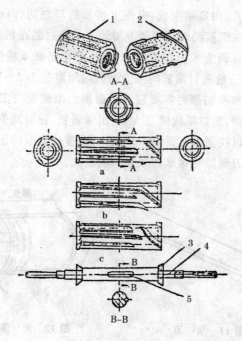

图 10　铁辊筒

a. 斜筋辊筒　b. 连筋辊筒　c. 直筋辊筒

1. 精筋　2. 推筋　3. 闷盖　4. 辊筒轴　5. 键

30°～40°倾斜角度，起推送米粒作用，称为推筋（推进齿）；出口端有 2～6 条筋，倾斜角度较小，为 0°～6°，起翻动精白米粒作用，称为精筋（精白齿）。筋的高度应大于米粒长度，通常为 7～8 毫米，这样当米粒窜过米刀时，不致被折断。辊筒上筋的分布形式有 3 种（图 10）。连筋辊筒适于加工精度低的一机碾时用，具有产量高，碎米多，碾制精度不均匀等特点。直筋辊筒动力消耗高，碎米也较多，但碾出米粒光洁。小型碾米机因辊筒较短，为保证碾白效果，多采用直筋辊筒。斜筋辊筒的使用效果比直筋好。

④米刀:用扁钢制成,夹在上盖和机箱之间,两端伸出的凸形头架在机箱两端面的调节滑块上。通过装在机箱两侧的调节螺钉可调节米刀与辊筒的间隙,起控制碾米精度的作用(图11)。一般进口端的间隙为出口端间隙的 $1/2\sim1/3$,因为稻谷或糙米在初碾时需要较大的摩擦力来破壳去皮,故进口端间隙小些,出口端间隙变大,使出米通畅,还可减少碎米。因为米刀可以控制米在碾制中的阻力,改变碾白室的压力,所以合适的米刀间隙对碾米的效果影响很大。

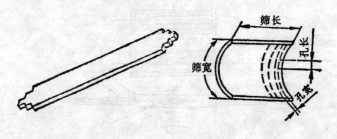

图 11 米 刀　　　　图 12 米 筛

⑤米筛:用薄钢板制成,上面冲有很多狭长的孔眼,并弯成弧形。每台米机装有两块米筛,便于更换(图12)。米筛的作用主要是排糠,其次是增加摩擦阻力,起辅助碾白作用。筛孔的排列多采用直线形。筛孔的大小对碾米效率及质量有一定影响,过小排糠困难,易于堵塞;过大米粒易穿过筛孔或插入筛孔被折断,故应按需要选用。选用规格如下:粳米用 460眼/张,筛孔尺寸宽×长 $=1.1\sim1.2\times12.7$ (毫米);籼米用480 眼/张,筛孔尺寸宽×长 $=0.85\sim1.1\times12.7$ (毫米);使用时注意两块米筛连接方式有搭接和平接两种。平接产生碎米少。连接一定要接平,不得有缝隙。

(3)机座部分　机座是整个机器的骨架,它由左右两块墙板、拉杆螺栓,前遮板、防尘板和出糠板组成(参看图7)。左右墙板用拉杆螺栓连成一体,上平面与底面成30°斜角,支撑着轴承、机箱、上盖等整个机身。前遮板和防尘板是为了防止糠粉飞扬,出糠板是使糠顺板溜下便于接糠。

(4)糠米分离部分 由米糠分离器、风机和集尘器组成。它利用风机产生的吸力,将流经倾斜淌板的米糠混合物中的糠屑吸出,送至集尘器集糠,纯净的白米由分离器的淌板流出机外。这样加工后的稻谷就不需要专门的风车来分离米糠了。

横式铁辊碾米机原理与工作过程如下:当稻谷或糙米由进料斗进入米机后,在旋转辊筒推筋的作用下,边转动边前进。米粒在进行过程中,受到碾白室内各部件的摩擦及本身的相互摩擦,当摩擦力克服米粒皮层与胚乳之间的连接力时,皮层和胚乳之间便产生滑移,致使皮层延伸、断裂以至脱落。应该指出,这种擦离作用必须在较大的压力下进行。由于碾白室容积逐渐缩小,以及碾白室内各机件阻力的影响,米粒间的密度即随之加大,室内挤压力增加,其平均压力可达 19.6~24.5 千帕。再加上辊筒碾筋不断翻拨和推进,使米粒进一步碾白,碾白后的米粒由米嘴排出,糠屑由米筛、集尘器排出。若直接碾稻谷则往往需要反复 2~3 次,才能得到纯净白米。

16. 怎样使用和维护横式铁辊碾米机?

(1)安装与检查 碾米机的安装分固定和移动两种。如果有固定的加工房间,可安装在水泥基座上。若移动作业可把碾米机和动力机安装在同一牢固的木制或金属框架上,底脚基面必须水平,安装高度以方便操作为宜。碾米机与动力机的皮带轮轴心线必须平行,两个皮带轮中心线尽可能在同一平面上。其中心距应按说明书规定而定。如 6N-9A 型碾米机以

1.5～2米为宜,6N-6型以2～2.5米为宜,2号、3号碾米机一般为3～4米。注意碾米机的旋转方向要正确。动力机皮带轮直径要根据动力机与碾米机的转速配合而定,使碾米机的转速在规定的范围之内。转速过高,会使碎米增加,影响机具寿命;转速过低,碾米不净,糙白不均,米糠分离不清,同时质量也会受影响。

动力机皮带轮直径的确定按下式计算:

动力机皮带轮直径(毫米)＝米机皮带轮直径(毫米)×

$$\frac{碾米机转速(转/分)}{动力机转速(转/分)×〔1-打滑系数(一般取0.02)〕}$$

碾米机安装好后还要进行以下检查:①辊筒的安装情况是否合乎要求(如两个辊筒无法对齐,其筋突出方向应顺着稻谷流动方向),两辊中部与轴固定的键不得松动。两端的闷头螺母应旋紧并与辊筒外缘平齐。辊筒装在机箱内,尽量与出口端靠紧,最大间隙不超过2毫米,防止米粒嵌入,造成碎米。②米筛的安装情况。压紧米筛用的压条应紧贴机箱,与机箱平齐。压条上的埋头螺钉应埋在压条内与压条平齐。米筛插入压条时,先插进口端的一块,然后再插出口端的一块,两块米筛应顺米流方向搭接,然后用筛托顶住旋紧。两块筛片平接时不应有缝隙,两块米筛安装要平直,不应使中间高两头低,或两头高中间低。米筛与压条间不应有缝隙。筛片与辊筒间隙应一致。米筛是易损件,磨损后应及时更换。③机盖与机箱两端轴承处的密封情况是否良好。应用毛毡或石棉绳填好,防止漏米。④各紧固件有无松动,如有松动应紧固。检查轴承内润滑脂是否充足和变质硬化,必要时应加注或更换润滑脂。

(2)调节 碾米机调节有以下主要内容:①辊筒转速调节。辊筒转速的高低与米粒在碾白室的运动速度及压力有关,必然影响到碾米机的生产率及碾米质量。在其他条件不变的情况下,转速增加,米粒运动速度加快,米粒在米机内的碾白时间缩短,生产率高,但碾白效果降低,且含谷量增多。转速过低,米粒流动慢,碾白室压力增加,则碎米增加,精度不匀,生产率低,易堵塞。一般说来,辊筒直径大,转速应低些,直径小,转速应高些;碾白室容积大,转速应高些,因容积大,转速高可增加米粒之间的内摩擦,既提高了产量,保持精度,也减少了碎米。碾米道数不同,对转速的要求也不同,头道需要压力大,转速应慢,第二、三道压力应小,转速应稍快。糙米或稻谷水分大或粉质米粒则速度应慢。有时适当降低速度可以减小动力消耗,降低作业成本。因此应根据产品说明书规定,按照实际情况进行辊筒转速调节。②进出口闸门开度调节。进出口闸门开度可调节碾米机流量,控制碾米机内部压力,直接关系到碾米机的生产率、精度及动力消耗。进口闸板开大,进谷增加,若出口闸板不相应开大,则出口排米不畅,碾白室内米粒密度增加,压力加大,擦离作用增强,破壳及碾白效果提高;但碎米增加,米温升高,动力消耗增大,甚至会造成碾米机堵塞。若进口闸板开启过小或出口闸板开启过大,则碾白室内压力显著降低,稻谷脱壳不净,含谷量多,碾白精度也差。在实际生产中常以进口闸板控制谷物流量,出口闸板控制碾白室内的压力,达到一定精度的要求。③米刀的调节。米刀是调节碾米精度的辅助设备,起控制米流、增强挤压力和剥壳作用。米刀与辊筒间隙的大小影响碾白效果及碎米率,一般米刀都倾斜安装,在入口端米刀与辊筒间隙为2～3毫米。新米刀可大些,为3～4毫米,出口端为3～5毫米。但是,这不是绝对的,应根据米机的性能、转速来确定,并通过试验,灵活调节。米机转速高的,一般间隙要大一些。在其他条件相同的情况下,在一定范围内减小米刀间隙,将使稻谷或糙米在碾白室内所受阻力加大,提高碾米机内部压力,从而提高碾白精度,但易产生碎米。米刀调节应与进出口闸板的调节配合进行,一般是先开进口闸板,用出口闸板调节碾白精度,如仍达不到要求,再调节米刀,然后再复查进口闸板开度看能否再提高流量,经调节达到要求后,将固定螺母拧紧,不再随意变动。④米筛的调节。若发现米糠中混有整米,应立即检查有无漏米现象。若米筛安装不当或有破损,应重装或修补,严重时应更换筛片,如筛片孔大应换用筛孔较小的筛片。米筛与辊筒的间隙与米机的结构形式有关。一般都是形成一均匀的圆环,其间隙一般可在8~14毫米内调节。间隙太小,米碎,负荷轻,机件磨损大;间隙过大了,负荷重,谷子多,加工量低,容易卡死辊筒,造成事故。间隙的大小可按不同品种、不同水分的原粮在规定的范围内调节。⑤米糠分离调节。分离器调节应根据出米口流量的大小和糠粉的多少而定,流量大,含糠多,应将淌板水平倾角减小,增加风力;流量小,流速慢,含糠少则应做相反调节。如6N-6米机在一般情况下,第二、第三淌板倾角32°~36°,间距45~52毫米,其他淌板倾角34°~38°,间距40毫米左右。调节弹簧可使分离器保持适当的物料,以使各淌板物料均匀。

(3)使用维护 ①在加工之前要对稻谷进行检查,其干湿程度应合适,过湿或过干都会使碎米率增高,出米率降低;谷物内不应有杂物混入,尤其是铁块、石头等硬物;注意稻谷的品种是否一致,如粳稻出米率高,碎米少,籼稻出米率低,碎米多。②开车后要空转2~5分钟,仔细观察运转是否正常,检查皮带松紧是否适宜,然后将进口闸板慢慢拉开,再根据米的精度要求慢慢调节出口闸板至米质达到要求为止。在运转过程中,随时注意机器的声音是否正常,若有噪音或撞击声,应立即停车检查,及时排除。③稻谷碾完或碾谷中途需关机时,必须先关好进口闸板,再运转1分钟左右,才能关闭动力机,避免再次启动困难以及余米分离不干净。④经常检查皮带轮、紧固螺栓及地脚螺栓,如有松动,立即紧固。如辊筒、挡条、米刀有磨损,影响使用和影响产品质量时,应及时修换,米刀边缘磨损,可以翻转调向使用。⑤为了确保操作安全,应在料斗前面加料,如在左右边加料,应注意身体不要靠近皮带轮,防止人身事故,最好安装防护罩。⑥加工完毕,应清理干净。较长时间不用时,应把机器内物料全部清出,关闭进口闸板,以免碾白室内剩余粮食发霉变质。机盖、辊筒、轴及主要螺栓等部分应涂油存放在干燥的地方,以免生锈。

17. 横式铁辊碾米机常见故障及产生原因有哪些? 怎样排除?

(1)成品米中含谷量增高　发生故障的原因:碾白室压力太小;米刀磨损或间隙过大;机盖进料段磨损严重;原粮太湿。

故障排除方法:调节进口闸板、米刀或压砣;将米刀调头、调面或更换;更换机盖;原料干燥后再加工。

(2)细糠中跑粮或粗糠　发生故障的原因:机盖与机箱密合不严;米筛磨穿或接缝不严;风速过大。

故障排除方法:排除机盖与机箱接触面杂物,锁紧机盖;修补或更换米筛,重新安装,调节挡风板,加大风量,降低风速。

(3)米糠分离不清　发生故障的原因:风机转速太低,风量小;风机皮带打滑;原粮太湿;风机叶轮磨损;振动杠杆出故障;振动筛出故障。

故障排除方法:调整风机转速,使之达到额定转速以上,调节风量调节板,加大风量;调紧风机皮带轮,消除皮带打滑;更换风机叶轮,保证风量;干燥原粮;检查振动杠杆及拉力弹簧是否脱落,振动滚轮与转轮是否分离,并恰当调节距离;检查振动筛是否脱落。

(4)碎米多　发生故障的原因:米刀、辊筒间隙过小,出口闸板开度过小或出口积糠堵塞;辊筒转速过高或过低;原粮太湿或太干;米筛安装不当。

故障排除方法:调节米刀间隙和出口闸板开度,清理积糠;重新调节辊筒转速;干燥原粮或喷少量水,使原粮达到加工要求的干湿度;检查米筛安装情况,保证安装正确。

(5)不进料不出米　发生故障的原因:原粮太湿;进料口被异物堵塞;筛孔堵塞,辊筒旋向反转。

故障排除方法:干燥原粮;疏通进料口,清选原粮,除去原粮中杂物;疏通筛孔;重接电流调相,三相电电线接头接错了,会造成反转,应调过来重接[参看本书第三十二问(2)]。

(6)米粒精度不均匀　发生故障的原因:辊筒磨损;米刀磨损;不同品种的原粮品质相差太大;进料太少;出口开度过大。

故障排除方法:更换辊筒;米刀调头、调面使用或更换米刀;避免不同品种原粮混合在一起加工;正确调节进口闸板和出口闸板。

(7)产量下降　发生故障的原因:碾白室压力调节不当;转速过低;辊筒磨损;进出口闸板开度不合适;原粮太湿。

故障排除方法:调整好碾白室压力;保证主轴达到额定转速;更换磨损严重的辊筒;重新调节进出口闸板开度;干燥原粮。

(8)闷车或皮带脱落　发生故障的原因:超负荷或负荷突

然增加;皮带太松;主轴皮带轮与动力皮带轮轴心线偏斜;碾白室进入异物硬块。

故障排除方法:调小进口闸门,减轻负荷;调紧传动皮带;校正两皮带轮轴心线,调节安装位置;停车检查,清除异物硬块。

(9)出现异常声响 发生故障的原因:有铁块、石块等硬物进入碾白室;米刀与辊筒撞击、辊筒松动或损坏,主轴轴向移动;轴承严重磨损或损坏。

故障排除方法:停车清出进入碾白室的硬块,并清出原粮中的铁、石等硬块;调节好米刀,调节紧固好辊筒和主轴,更换损坏的辊筒;更换严重磨损或损坏的轴承。

(10)轴承发热 用手触摸稍有热量为正常,如果烫手,温度超过 60℃ 则要停车检查。轴承发热的原因:润滑油不足或不清洁;滚珠轴承损坏,或与轴、轴外壳配合松动;原粮太湿或皮带太紧。

故障排除方法:润滑油不足应加足,如不清洁应清洗后重新加注清洁润滑油;更换损坏的轴承,安装时要压紧轴承盖,拧紧轴承压盖螺母;调节好皮带紧度;干燥原粮。

(11)碾米机震动过大 发生故障的原因:碾米机墙板、拉杆松动,或机箱、轴承座松动,地脚螺丝松动,使碾米机工作时震动过大;辊筒和皮带轮不平衡。

故障排除方法:紧固好松动的螺丝;皮带轮和辊筒进行静平衡校正。

(12)米机堵塞 发生故障的原因:进口闸板开度过大,出口闸板开度过小;出口积糠;原粮太湿,排糠不畅;传动皮带严重打滑;原粮中杂物过多。

故障排除方法:调节好进出口闸板开度;停车检查筛孔是

否堵塞,如堵塞应清理,使其畅通,并清理出口堵积的糠物;干燥原粮,原粮中杂物过多应清理干净;检查皮带打滑原因,及时排除。

18. 立式砂辊碾米机的构造、工作原理和工作过程是怎样的?

立式砂辊碾米机适用于北方地区高粱、谷子、玉米、大麦等杂粮的加工,也适用于白米加工。碎米率和动力消耗较低。这种碾米机的结构较复杂,制造成本较高,使用、操作和维护的要求也较高。其突出的特点是一机多用,适于多种作物的加工,在杂粮地区很受欢迎。在农村、城镇的小型粮食加工厂应用较多。

立式砂辊碾米机的构造主要包括进料、碾白、除糠 3 大部分(图 13)。

(1)进料部分 由进料斗、料斗座、进料闸板及调整螺丝等组成。其作用为容纳待加工的原料,并将其均匀地送进碾白室,由调节进料闸板控制进料的多少。

(2)碾白部分 碾白部分是碾米机的重要部分,由拨米翅、糠筛、砂辊、排米翅、调节手轮、阻刀、出口闸板、出米嘴等组成。由砂辊和糠筛组成的空间称为碾白室。它们之间的距离称为碾白间隙,可通过砂辊的轴向移动来调节,这个间隙值可在3～15 毫米范围内变化。阻刀和砂辊的间隙为7～15 毫米。这些间隙直接影响碾白效果。

①砂辊:它是碾米机的主要工作部件,用人工金刚砂制成(粘结或烧结),它的表面由许多密集而锐利的细砂粒组成。这些颗粒对谷物进行不断的切削而使其表皮脱落。因此碾削作用要在较快的速度、较小的压力下进行,即所谓"快速轻碾",

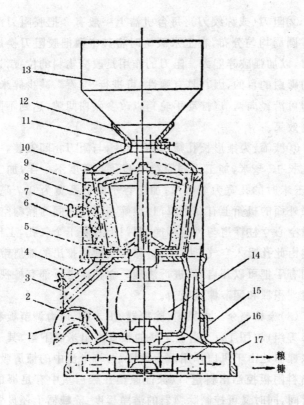

图 13 立式砂辊碾米机构造示意图

1. 风量调节板 2. 除糠器 3. 出口闸门 4. 出米嘴 5. 排米翅 6. 糠筛
7. 调节手轮 8. 砂辊 9. 阻刀 10. 拨米翅 11. 进料闸板 12. 料斗座
13. 进料斗 14. 皮带轮 15. 检视孔 16. 风扇 17. 机座

否则米粒表面就会出现切削过深的痕迹,甚至折断成碎米。砂辊为上大下小的截锥体。这样便于调整碾白间隙,而且糠屑不易堆积于筛面。砂辊碾米机具有功效高、碎米少的优点,但加工出的成品粮表面不够光滑,如对米质要求高时,需用铁辊碾米机再加工 1 次。

②阻刀(或称绞刀):每台机器上一般有 3 把胶阻刀沿碾白室圆周均匀分布,在玉米破楂时将其中两把胶阻刀换成铁阻刀,以加强破碎能力。阻刀的作用是改变物料的位置,达到均匀碾白的目的,因其具有弹性,可进行"弹碾",减少碎米率。阻刀可沿径向调节(拧动手轮),以改变碾白间隙,达到不同的碾制效果。

③糠筛:为锥形长孔筛,共有 3 片,与阻刀相间安装,一般筛孔长 13 毫米,加工不同原粮时筛孔的宽度不一样,加工高粱、玉米时的孔宽为 1 毫米;加工谷子时的孔宽为 0.7 毫米。糠筛外面的机箱上有 3 个罩门,糠筛与罩门之间为除糠空间,通过空心立柱糠道与风扇相通,罩门上有若干个气孔,工作时风扇由此孔吸入空气,使气流将碾白室糠筛排出的糠屑带走。罩门有手把可以开启,以进行清理。立柱糠道下部有检视孔,可清理积糠和调节糠道吸力。

(3)除糠部分　由风扇、除糠器、出米嘴、风力调节板和出糠口等组成(图 13)。当加工好的粮食由出米嘴下落,其下方的除糠器处由于风扇作用而为负压,可将米流中的糠屑吸走。由出料闸板控制出料量,以保证原粮在碾白室中有足够的碾制时间,同时又可控制除糠器的洁净程度。除糠器上还设置一调节板,调节时可改变气流的吸气力,调节除糠能力。

立式砂辊碾米机属于速度碾米机,是快速轻碾机型。辊筒的线速度在 10~15 米/秒之间,物料平均受压力在 4 900 帕以下。其工作原理和工作过程如下:将原料倒入料斗中,开车后,逐渐拉开进料闸板,使原粮流入机内旋转的拨米翅上,谷粒在离心力的作用下,被甩到机体圆锥形的碾白室内,在辊筒的高速磨削作用下,把谷粒的皮层剥落进行碾白,经过磨削的米粒从出米嘴排出机外。原粮在碾白过程中脱下的壳和糠,一部分通过碾白室外围的筛孔排出,沿着下机体3个空心立柱构成的糠道进入风扇内,而后经出糠口排出机外。米粒则从碾白室底部由排米翅拨流到出米嘴,再经出口闸板流到米糠分离器,米中夹带的细糠皮被气流吸入风扇内,经出糠口一同排出机外。净米则由米糠分离器的出米嘴流到容器内,一般要根据原粮情况加工2～4遍,才能把谷物的壳皮全部磨净,得到优质精米。

19. 立式砂辊碾米机如何正确安装和调节?

立式砂辊碾米机的安装见图14。应先打好水泥机座,机座要求平整一致,按机座螺丝孔的距离,将地脚螺栓打在水泥座内,水泥台维护保养5～7天,再安装碾米机。安装时应保证主轴与水平面垂直,机器底面应与基础密封,以防漏风,影响除糠效果。也可将碾米机安装在钢或木制机座上,再把机座固定牢固,以机器开动时不震动为原则。

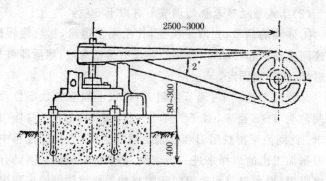

图14 立式砂辊碾米机安装示意图 (单位:毫米)

(1)选择工艺参数和操作方法 为了得到良好的碾米效果,必须根据原粮情况,正确地选择各项工艺参数和与之相应的操作方法：

①碾米机转速选择：高粱800～950转/分，谷子1100～1350转/分，玉米800～1000转/分。机器转速还需根据原料质量来选择，粉质易碎的原粮选偏低转速值。转速选定后，即可配制动力皮带轮。

②碾白室间隙选择：高粱10～14毫米，谷子10～12毫米，玉米小于15毫米，粉质易碎或皮薄的粮食选用大间隙。

③砂辊粒度选择：高粱选用30号、36号砂辊，谷子选用36号砂辊，玉米选用20号、24号砂辊。砂辊号数以砂辊粒度来分，号数越大砂粒越细。砂辊粒度也要根据原粮质量选择，粉质皮薄粮食要用大号(细粒)砂辊。

④糠筛筛孔宽度选择：加工高粱、玉米选用筛孔宽度为1毫米的糠筛，谷子选用0.7毫米的糠筛。

⑤阻刀选择：高粱、谷子、玉米脱皮均选用胶刀，玉米破碎选用铁刀。

(2)立式砂辊碾米机的调节　有以下5项：

①砂辊的调节：先取下机盖，拧松主轴螺母，然后旋转砂辊连同主轴一起转动，以砂辊旋转没有偏摆为好，然后即可拧紧螺母，把砂辊固定。

②胶阻刀的调节：调节胶阻刀，按以下间隙大致定位：高粱间隙为6～8毫米，谷子为1.5～2.5毫米，玉米为14～18毫米。此间隙系指胶阻刀和砂辊之间的距离。在加工过程中，再根据加工出的米样来进一步细调，如果粮粒破碎较多，则应退出阻刀(增大阻刀和砂辊的间隙)；如果原粮脱壳脱皮较少，则需推进阻刀。进退阻刀可用手轮操纵，按顺时针方向转动手轮，则推进阻刀，逆时针方向转动手轮，则退出阻刀。调节阻刀时，3把阻刀在碾白室内的位置应保持一致。

③进口闸板的调节:拧松进口闸板的紧固螺钉,就可拉开进口闸板。闸板的开度影响碾米机的流量和碾米机内部的压力。当碾米机转速突然变低时,应将进口闸板关小;如转速变高,可再将闸板拉开一些,调到转速正常,闸板位置确定后,即可拧紧螺钉,将闸板固定。

④出口闸板的调节:拧松螺钉,就可提起出口闸板,闸板开启程度的调节,应使粮食成一均匀薄层,自米嘴流出,这样便于米糠的分离。出粮闸门还可以控制碾白精度,以出机的粮食有合适的脱壳、脱皮程度而不破碎为宜。调节好后用螺钉拧紧将闸板固定。

⑤风量调节:除糠器两侧都有风量调节板。当发现糠中含米多时,拧松压紧螺钉将板提起,这时通过除糠器开口处的风量便减少,米就不易被抽走,必要时还可将机座上的检视孔盖提起,以进一步减少风量。相反,发现米中含糠较多时,应将检视孔盖和风量调节板放下,然后将调节板固定在需要的开度上。

20. 立式砂辊碾米机如何正确操作?

第一,碾米前原粮不能太湿,超过加工湿度应进行干燥,加工前需清除粮中的砂石、金属、草秆、麻丝等杂物。

第二,机器开动之前应检查各部螺钉是否松动,如有松动应及时拧紧。用手慢转几圈皮带轮,检查有无异常声音,注意不要反转,检查正常后再启动。

第三,将谷物倒入料斗,机器正常运转后,慢慢拉开进料闸板,使原料均匀流入机内,并同时关闭出米嘴闸板,以便增加碾白室压力,待压力适宜后,再拉开出米口闸板,根据出米嘴流出来的精度情况,再微调入料口闸板至适当位置。而后检查排糠情况,如果糠米分离不清或糠中带米,再进行调节吸糠嘴上的调节挡板和风门的位置。

　　第四,使用中随时清除筛底上的粘结物,每 2 小时左右清扫糠筛 1 次,以防筛孔被堵塞。如果粮食较潮湿,更要及时清扫。

　　第五,停车前应先排尽碾白室的粮食,以免再开动机器时闷车。每班完了,必须将筛孔和糠道内的积糠清除干净,并除掉碾米机外部的飞尘和污物。定期向轴承加添润滑油,一般情况下,每月加添 1 次。

　　第六,更换砂辊。如需要更换砂辊时,首先除去大盖,用胶刀抱住砂辊,拧下主轴螺母,提出砂辊盖,砂辊便可取出。更换后的砂辊必须充分压紧,防止砂辊偏斜,以免运转时振动和松脱造成事故。

　　第七,更换糠筛。如需要更换糠筛,首先按第六的操作顺序取出砂辊,再拧下固定糠筛的埋头螺钉,取下原糠筛。换新糠筛时,糠筛孔的毛刺不得面向碾白室内,筛面不得凹凸不平,固定糠筛的螺钉头不得突出筛面,以免损伤粮食和造成不应有的磨损。砂辊与铁筛的间隙应保持在 6~12 毫米的范围内。

　　第八,更换阻刀。拧下固定砂辊座的螺钉,便可抽出阻刀部件。换胶阻刀,从木垫上取下剩余的胶皮,将新胶阻刀用钉子钉在木垫上,钉头应埋在胶阻刀表面下 15 毫米左右的地方。换铁阻刀,则应更换固定阻刀的螺钉,必要时连垫木一起更换。更换的新阻刀和阻刀孔间隙不应大于 1 毫米,以免漏米。

　　第九,更换排米翅。取出砂辊就能取出砂辊座,拧下座上固定排米翅的螺钉,将排米翅翻过来使用,或换上新的排米翅。

21. 立式砂辊碾米机常见故障及其发生原因是什么？怎样排除？

（1）**碎米太多** 发生故障的原因：机器转速过高；阻刀推进过多，出口闸门开度小；砂辊粒度粗；糠筛孔的毛刺在碾白室内；原粮太湿，质量太差。

故障排除方法：降低转速，使机器保持额定转速；退出阻刀，使阻刀和砂辊之间保持正常间隙，调节好出口闸门开度；更换细粒砂辊；重新安装糠筛，使毛刺朝碾白室外；清选和干燥原粮，使之达到加工要求。

（2）**碾白不出米** 发生故障的原因：进口闸板开启过小；阻刀与砂辊间隙过大；原粮太湿。

故障排除方法：逐渐拉开进口闸板；调节好阻刀和砂辊间隙；干燥原粮。

（3）**砂辊破损** 发生故障的原因：石块或金属物混入碾白室；砂辊质量差；机器转速过高。

故障排除方法：筛选拣出原粮中的石块、金属等杂物；换上质量好的砂辊；将转速降低到 2 000 转/分。

（4）**转速下降电机发热** 发生故障的原因：进出口闸板开度不当；风量调节不当，筛孔堵塞；电动机功率小；拨米翅过长；砂辊盖磨出深沟。

故障排除方法：正确调节进出口闸板；调好风量，清理好筛孔；换上达到要求的大功率电机；打弯拨米翅或更换短拨米翅；更换砂辊盖。

22. NZJ-10/8·5型联合碾米机的构造是怎样的？

NZJ-10/8·5型联合碾米机是一种高效率的砻谷碾米联合稻谷加工设备,由砻谷机、大糠分离器和碾米机等部分组成。碾米机装有喷风装置。本设备能连续完成从净谷脱壳到碾成白米的系列加工作业,同时将谷壳、细糠排出机外,细糠由集尘器收集。如不需要碾成白米时,可单独进行砻谷和谷壳分离作业,生产糙米。该设备结构紧凑合理,体积小,调整容易,操作简便,安装、维护、检修和流动作业都很方便,动力消耗低。由于采用喷风碾米,降低了白米温度,减少了白米所含糠粉,从而增加了白米光泽。本设备适用加工粳稻(或标准三等以上的籼稻),日产标一米(精白米)13～15吨。主要技术参数及零部件规格如下:

(1)砻谷部分

胶辊规格:$\phi 225 \times 100$ 毫米 (直径×长度)。

快辊速度:1 100 转/分。

慢辊速度:846 转/分。

喂料辊转速:500 转/分。

大糠风机转速:1 250 转/分。

(2) 碾米部分

铁辊规格:$\phi 85 \times 338$ 毫米 (碾筋外径×铁辊长度)。

螺旋输送头规格:$\phi 85 \times 105$ 毫米 (外径×长度)。

六角筛规格:$\phi 97 \times 306$ 毫米 (内切圆直径×长度)。

六角筛筛孔规格:0.95×12 毫米 (宽×长)。

米机主轴转速:750 转/分。

高压风机转速:3 300 转/分。

细糠风机转速：1 800 转/分。

（3）动力配备　采用 10 千瓦电动机或 8.8 千瓦柴油机。

（4）生产能力　稻谷700～1 000千克/小时（净谷），标一米（精白米）500～650 千克/小时。

（5）机器外形尺寸　1 766 毫米×900 毫米×1 795 毫米（长×宽×高）。

（6）机器重量　390 千克（不包括动力机）。

23．安装 NZJ-10/8·5 型联合碾米机应注意哪些事项？

第一，在使用机器前要认真阅读使用说明书，彻底弄清机器构造、生产操作、传动系统、电器装置、安装和维修方面的知识，以免发生安装、操作和维护不当，造成事故。

第二，机器必须安装牢固，校正好水平。传动带（包括三角带和平胶带）要安装正确，松紧合适。室外安装使用时，大糠管出口应顺风向安装。

第三，用电动机作动力时，电动机应装接地线，以保证安全。用柴油机作动力时，要配置直径为 295 毫米、宽为 125 毫米的平皮带轮，碾米机主轴额定转速为 750 转/分，可采用一级或二级传动（根据需要而定，如用 1 台柴油机还要带动其他机器，就需采用二级传动），要求采用的平皮带宽为 112 毫米，一般为 4 层线胶带。一级传动时，动力机的皮带轮和联合碾米机的皮带轮中心距应在 1 800～2 000 毫米之间。

第四，机器安装后，砻谷两胶辊端面平齐，端面与衬板之间的间隙不能大于 1 毫米。

24. NZJ-10/8·5型联合碾米机应如何操作?

(1)开车前的检查与试运转 开车前应首先检查地脚螺栓是否拧紧,如有松动应拧紧后再开车。齿轮箱和轴承部位都应加好润滑油。拧开胶辊侧壁上的观察孔盖,检查两辊之间的轧距,加工粳稻时,此轧距调整在0.7~1毫米;加工籼稻时调整在0.5~0.7毫米。调节胶辊的压力弹簧,使安装长度在65~70毫米。做好上述工作后,即可开空车试运转,空车运转正常后,才可加料生产。

(2)砻谷部分的操作 先将分料板7放到A位置,这一位置是当脱壳率未调整好时,使含谷较多的谷糙混合物由糙米出口8流出机外,同时关闭了流向米机的糙米出口9。然后开动机器,拉开进料闸板2,使稻谷通过喂料辊3流入两胶辊5之间脱壳,并由糙米出口8取样检查稻谷脱壳情况,同时调整流量调节杆4及胶辊轧距,使脱壳率达到要求。然后将分料板7由A位置移到B位置,让糙米由糙米出口9流入碾米机的碾白室,进行碾制。在生产过程中,如产量达不到或过多超过要求(精白米500~650千克/小时),可调节流量调节杆4(图15)。

(3)大糠分离的操作 砻下物含有的大糠(谷壳)通过大糠分离器10,经大糠风机11吹出。当大糠与谷糙混合物分离效果较差时,可适当调节抛料板6。调节中间调节板12可减少大糠含量,并能将不成熟粒及瘪谷沉降下来,由瘪谷出口13流出机外(图15)。

(4)碾米部分的操作 砻谷和谷壳分离部分生产正常后,将分料板7(参看图15)移至B处,使糙米经过螺旋输送头进入碾米机碾白室1(图16),开始碾制工作。要注意调整出米嘴

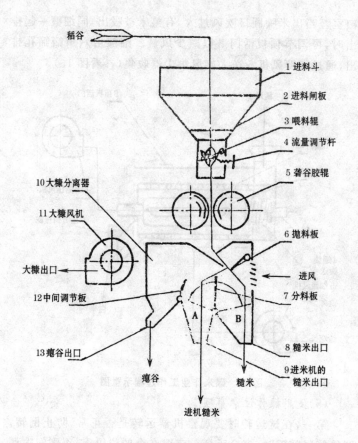

稻谷

1 进料斗
2 进料闸板
3 喂料辊
4 流量调节杆
5 砻谷胶辊
6 抛料板
进风
7 分料板
8 糙米出口
9 进米机的糙米出口
10 大糠分离器
11 大糠风机
大糠出口
12 中间调节板
13 瘪谷出口
瘪谷
糙米
进机糙米
A B

图15 砻谷和砻下物分离作业示意图

压力门的压砣的重量和位置,以控制白米的精度。当白米精度过高时,可将压砣重量减轻或向内移,以减轻碾白室内部的压力;精度偏低时,则需将压砣重量加重或向外移,以增加碾白室内部的压力。同时还可适当调节入机流量。在碾制过程中,高压风机 6 不断向碾米机主轴中间送风,经铁辊筒 2 吹向碾白室。当出米嘴圆口吹风过大,有整米被吸出,同细糠一起排出时,可调节顶板活门 8 以减少风量。细糠由六角筛筛孔排出,通过细糠风机 5 送入旋风集尘器收集(参看图 16)。

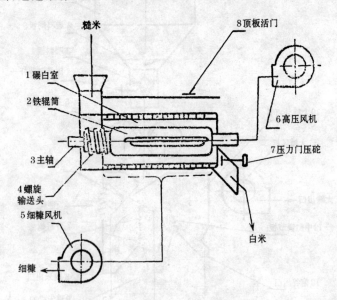

图 16 碾米作业工作过程示意图

(5)使用操作注意事项

第一,在试运转时要观察机器运转是否正常,防止倒转。调整胶辊间隙时,离合手柄一定要在合的位置上,否则间隙调整不好,容易造成事故。

第二,碾米机开始工作时,出米嘴压砣先用最小号的,根据米的质量再调整压砣的大小和前后位置,以及通过顶板活门调节碾白室风量。

开始工作时,先不宜送料过大,流量调节到较小位置,出米口上压砣不能加大,以防阻塞。工作正常后,再逐渐加大流量，调整压砣。如一旦堵塞，应立即停车关闭送料板，搬开离合手柄，将慢辊松开。然后用手搬动主轴皮带轮，使堵塞物排出，待主轴转动自如后，再重新启动机器。不论砻谷部分或碾米部分发生堵塞，均须立即停车检查排除。

第三，开车进料前和停车前，料已流完，或料流中断以及运转中发生故障时，均应搬开离合手柄，将慢辊松开，以保护胶辊和机器。

第四，当有异物（如螺丝、螺母、石子、铁块等硬物）进入砻谷机时（此时伴有异常的声音），应尽快使其不流入碾米机。采取的措施是将分料板 7 移至 A 位置，使异物同糙米由出口 8 流出机外（参看图 15）。如已流入米机，而米引起堵塞，则应将压力门压砣 7 放开让其从出米嘴排出（参看图 16）。

第五，正常作业机器不能超过额定负荷。用电动机作动力，不能超过额定功率 10 千瓦，观察电流表不超过 19 安培。用柴油机作动力，不超过 9 千瓦，并应遵照柴油机操作使用规范。

第六，如果出机白米过热时，要检查主轴是否通风，排除故障后再继续工作。

25. 联合碾米机的维修与保养应注意哪些事项？

做好碾米机的维修保养工作，不仅可以提高碾米机的工艺效果，而且能延长碾米机的使用寿命，确保安全生产。所以，这是一项十分重要的工作。日常的维修保养应注意以下事项。

第一，联合碾米机功率较大，转速较高，安装时必须保证传动轴的水平，注意底脚螺钉的牢固，以保证碾米机的安全运转。

第二，为保证碾米机运转平稳，减少震动，碾辊使用前必须进行平衡试验,同时做好碾辊的整形工作,使碾辊表面的几何形状和尺寸符合设计要求。修整砂辊时,应使用专用的斫刀将槽底及槽边斫成圆弧形,以减少米粒损伤。斫修时,应将砂辊装在轴上,并把轴架空,以防止砂辊接触地面而损坏砂面。在修整过程中,斫刀要快,斫砍要轻,并要保持槽形尺寸正确。砂辊装配时,应防止砂辊面接触地面,每节碾辊的筋或槽必须对齐,衔接处要平整。在碾辊和螺旋输送器之间,碾辊与碾辊端面之间,应垫入0.2~0.5毫米厚的纸板,以防止砂辊松动、错位和损坏。砂辊如有裂纹,应严禁使用。砂辊如产生明显坑洼、缺陷等现象,应及时更换或修补。烧结砂辊或胶结砂辊可用环氧树脂修补,烧结砂辊可用氧化镁和氯化镁作胶结剂进行修补。备用砂辊必须竖立存放在干燥处,不得沾上油污。

第三,装配米筛时,要使米筛保持平整,避免两头高、中间低或两头低、中间高的现象。米筛连接应采用平接,防止搭接,更不允许倒搭接。接头处不应留有大于2毫米的间隙。使用一定时间后,正圆筒形或矩形筛板应调头或调换位置,以延长其使用寿命。米筛磨损后应及时更换,以防止增加碎米,新旧米筛可搭配使用,以提高排糠性能。

第四,碾白室内各机件装配处应保持平整光滑,不能有明显凹凸不平的现象。压筛条和米刀均应保持平整,不能有锋利刀口,以防损伤米粒。

第五,各轴承处要经常保持润滑,经常加注润滑脂。为防止轴承过脏,要定期清洗,清洗后应加足新润滑脂。定期向齿轮箱加注润滑油,齿轮箱内注油量为0.2~0.3千克。齿轮箱内的润滑油使用半个月后,要放出更换新油,并应经常检查齿轮箱油量,不能缺油,以保证正常润滑和降低温度。

第六,砻谷部分的两个胶辊,经使用磨损后,其直径大小相差 2～3 毫米时,快慢辊应对换使用。

第七,机器所有橡胶制件(胶带、胶辊、缓冲橡胶板等)均不可接触油脂油污,也不宜直接受日光暴晒和接近高温,以防老化变质。

26. NZJ-10/8·5 型联合碾米机在作业中应注意哪些事项?

第一,运转前应检查碾米机各连接紧固件是否牢固,各调节机构和传动机构是否灵活可靠。如发现问题,应及时排除,然后关闭进料门,开放出料门,并根据加工糙米的品种、水分、质量以及加工精度要求等情况,调整合适的碾白室间隙,配备好适当筛孔的米筛,以待开车作业。

第二,启动后待碾米机运转正常,再开启进料闸门。调节流量时,必须注意电流表指针。根据电流表指针的额定位置,将碾米机流量调节至额定数值,并观察出机大米是否达到精度要求。当精度偏高或偏低时,可以调节出料压力门的重砣或微量调节米刀,调节压力门砣应先挂轻砣,并先挂在靠近压力门位置,然后再根据米粒的精度来调节砣的重量和位置(参看第二十四问中的"碾米部分的操作")。调节正常后,应先固定重砣位置,以防止它因米机振动而移位。米刀应尽量少调,以防止增加碎米。开车时最先流出的不符合精度要求的大米,应回机重碾。

第三,在碾米机运转过程中,应随时观察和检查白米精度是否均匀,碎米是否过多,米糠中是否含有整米,产量是否稳定。若发现问题,应及时找出原因,加以解决。采用 2 台机器或多台机器碾白时,应注意各道碾米机的去皮比例,及时对照各道碾米机的碾白程度。有数台碾米机同时碾白时,应保持各机去皮率互相一致,以保证产品质量一致。

第四,停车前,应首先关闭进料闸门,停止进料,并将出料压力门轻轻抬起,让最后不符合精度要求的一部分米粒流出机外或回入糙米仓。

27. 联合碾米机常见的故障及产生的原因是什么? 怎样排除?

联合碾米机在生产中常会出现产量下降、碎米率增加和成品米精度不匀等现象,有时甚至会产生异常响声和异常味道,电流猛增,机身强烈振动等故障。为确保安全生产、保证产品质量,必须及时分析产生故障的原因,掌握排除故障的方法,使作业顺利进行。

(1)产量显著下降 发生故障的原因:铁辊筒前边的螺旋输送器严重磨损,输送作用减弱;使用砂辊的碾米机砂辊严重磨损;因螺钉松动或安装差错,进料衬套产生转动,使碾白室进口截面减小。

故障排除方法:更换螺旋输送头;加厚压筛条或更换严重磨损的砂辊;调整进料衬套。

(2)成品米中碎米过多 发生故障的原因:米刀进给量过大;米筛和米筛之间连接不平整,碾辊与螺旋输送头连接不好;砂辊表面出现严重高低不平;碾白室间隙过小;机身振动。

故障排除方法:适当调节退出米刀;重新按要求安装好米筛;修整砂辊,使其表面平整,使其与螺旋输送器连接平整通畅;调节好碾白室间隙;检查紧固安装螺丝及有松动的零部件,更换损坏的零件。检查砂辊是否偏重,如偏重则应及时修整或调换。

(3)单位产量耗电过高 发生故障的原因:出米口调节压

砣过重或外移量过大；砂辊严重磨损；出米口积糠过多；压筛条严重磨损。

故障排除方法：适当减轻压砣重量或将压砣内移；更换砂辊，清理出米口，更换压筛条。

(4)成品米糙白不匀　发生故障的原因：米刀、压筛条严重磨损；铁辊筒上的拨料凸筋严重磨损；砂辊严重磨损。

故障排除方法：适当推进米刀或更换米刀；更换严重磨损的压筛条；调换拨料凸筋严重磨损的辊筒；更换砂辊。

(5)成品米中含糠多　发生故障的原因：擦米辊严重磨损；碾白室间隙过大，米筛筛孔过小或堵塞；需加工的糙米中含谷过多。

故障排除方法：更换擦米辊；调整碾白室间隙；更换或清理好米筛；提高砻谷机脱壳效果，减少糙米中含谷量。

(6)碾白室及擦米室堵塞　发生故障的原因：进料量过大，压砣过重或外移过大；传动带过松打滑，擦米室进口和出米口堵塞；螺旋输送器严重磨损。

故障排除方法：减少进料量，减轻压砣或将压砣内移；张紧传动带，打皮带油以减少打滑；清除堵塞物；更换螺旋输送器。

三、磨粉机械

28. 我国生产的磨粉机主要有哪几种？

目前我国生产使用的磨粉机种类很多，从结构上可分为圆盘式磨粉机、对辊式磨粉机、锥式磨粉机和碾米磨粉两用机等 4 种基本类型。

29. 圆盘式磨粉机的构造是怎样的?

圆盘式磨粉机俗称钢磨,它在我国各地农村使用比较广泛。它结构简单、使用方便、价格低廉,又能加工多种粮食和农副产品,除了可以用于小麦、玉米磨粉外,还可以磨高粱、豆类、薯干、药材等。此种磨粉机生产厂家很多,型号也很多,但结构上大多相似,下面以 FMP-250 型磨粉机为例,介绍它的构造。

FMP-250 型钢磨主要由磨粉和筛选两大部分组成(图17)。

磨粉部分主要由进料斗、机座、主轴、粉碎齿轮与粉碎齿套、动磨片与静磨片、风扇、磨片间隙调节机构等组成(图18)。

进料斗用螺钉固定在磨粉机机座的上方,在进料斗的底部有 1 块插板,用来控制进料的多少。机座一般是由铸铁制成的,它既是磨粉部分各零件装配的骨架,又是物料粉碎过程的工作容腔。机座壁内镶有粉碎齿套 11,其小端顶在机座的右内腔面上,大端靠静磨片压紧。静磨片用方帽螺栓紧固在机座的内腔壁上。粉碎齿轮 12 用销轴 7 与动磨片 15 连接在一起,动磨片背面又有风扇叶轮 16 用方帽螺栓连接起来,粉碎齿轮、动磨片和风扇叶轮三者都套在主轴上,并用横销 6 与主轴连接,使之成为磨粉过程中的主要转动部件。

主轴的右端用 207 滚珠轴承支撑,轴承两端面由轴承端盖压紧,并由端盖内的毛毡起到密封作用,以防机座内的粉尘或外面的灰尘进入轴承内。

主轴承的左端用 206 滚珠轴承支撑,轴承右端面靠在主轴凸肩上,左端面由轴承端盖压紧,该轴承的右端盖上也有毛毡密封,防止粉尘进入轴承内。

由于主轴两端有凸肩靠在轴承上,因此主轴是不能左右窜动的(也有些钢磨是采用移动主轴的方法来调节磨片间距的)。

动、静磨片是钢磨的主要工作部件。由冷铸法制成,磨片表面为白口铁,坚硬耐磨。动、静磨片是两个相同的零件,它们的尺寸和形状都一样。所以,当动、静磨片工作一定的时间磨损后,可以把它们翻过来并互换位置,即成为 1 对新的动、静磨片。

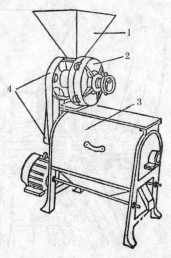

图 17　FMP-250 型磨粉机外形图

1. 进料斗　2. 磨粉机
3. 筛粉箱　4. 传动皮带

动、静磨片也是钢磨的主要易损件。在正常使用情况下,一般加工 10 吨小麦后,就需更换磨片。新买的磨片应规整、光洁,浇铸的型砂、浇口、毛刺都应清除干净。

粉碎齿轮和粉碎齿套也是钢磨的主要工作部件。它们一般采用铸铁件。在更换磨片时,也应检查粉碎齿轮和粉碎齿套的磨损情况,如磨损严重,影响生产时,也须更换新的粉碎齿轮和粉碎齿套。

磨片间距调节机构是磨粉机的一个重要组成部分。它是由调节手轮、调节背母、调节丝杆、珠轴、顶轴、横销、压力弹簧

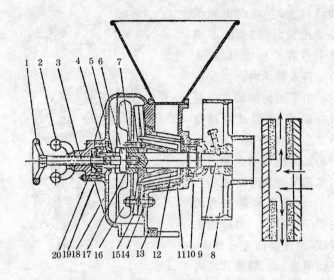

图 18 磨粉机磨粉部分结构图

1. 调节手轮 2. 调节背母 3. 调节丝杆 4. 珠轴 5. 顶轴

6. 横销 7. 销轴 8. 皮带轮 9. 主轴 10.207 轴承 11. 粉碎齿套

12. 粉碎齿轮 13. 机座 14. 磨片螺钉 15. 磨片 16. 风扇 17. 弹簧

18. 机盖 19.206 轴承 20. 丝堵

等组成(参看图 18)。压力弹簧、顶轴和珠轴都装在主轴左端的空心轴内,横销插在主轴的长槽里,并装在压力弹簧和顶轴之间。调节磨片间距时,若顺时针转动调节手轮,调节丝杆就向右移,它推着珠轴、顶轴和横销一起向右移动,横销又推动磨片向右移动,这时动、静两磨片的间距就变小了,同时,主轴内的压力弹簧在横销的推动下受到压缩;反之,若调节手轮逆时针转动,调节丝杆向左移动,这时被压缩的弹簧在弹力作用下,把横销、顶轴和珠轴推向左方,动、静磨片的间距随之变大。磨片间距调好之后即把调节背母拧紧,以保持调好的间距。

　　磨粉机的机盖上有 4 条长孔槽,机座内的风扇转动时便由此吸进空气,以降低机体内的温度。

　　筛粉箱是用来筛选面粉和麸皮的部分,它是个封闭式箱体,以免工作时粉尘飞扬,它主要由盖板、筛绢、绢框和风叶等组成,如图 19 所示。筛绢的粗细可根据需要拆卸更换。

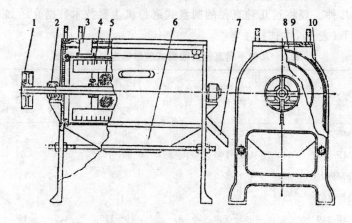

图 19　磨粉机筛粉箱结构图

1. 皮带轮　2. 轴承座　3. 进料口　4. 风叶　5. 筛绢
6. 接面斗　7. 出麸斗　8. 盖板　9. 绢框　10. 密封板

30. FMP-250 型圆盘式磨粉机的工作原理是什么?

　　磨粉机工作时,物料由进料斗慢慢流入机内,首先在粉碎齿套和粉碎齿轮间初步粉碎,然后在动、静磨片之间又受到磨片的压力,以及由两磨片间的速度差造成剪切和研磨,而磨片表面的细齿又大大增强了这种剪切、研磨的能力。物料被挤压,剪切和研磨后成为细粉进入筛粉箱筛选。面粉通过绢孔进入接面斗内,麸皮则由风叶输送到出麸斗。

31. 怎样正确使用与维护保养圆盘式磨粉机?

(1)机型选择 目前全国各地生产圆盘式磨粉机的厂家很多,圆盘式磨粉机的型号规格主要是指磨片直径(毫米)。磨片直径有 235 毫米、240 毫米、250 毫米、254 毫米、260 毫米等几种。现将这几种直径的圆盘式磨粉机主要技术数据介绍如下(表 1),供选择参考。

表 1 几种不同直径的圆盘式磨粉机主要技术数据

型号名称	磨片直径(毫米)	主轴转速(转/分)	出粉率(%)	生产率(小麦千克/小时)	配套动力(千瓦)	机器重量(千克)
MF-235	235	750~800	80	60~80	4	85
MF-240	240	600~700	80~85	60~70	4.5	57
FMP-250	250	450~500	85	60	4.5	115
MF-101	254	650		150	4.5	75
MF-260	260	600~700	85	80~120	4.5	150

(2)安装 如磨粉机是长期固定作业,就应该把它安装在水泥基座上,这样能使磨粉机工作时振动较小,以提高磨粉质量和延长机器的使用寿命;如果磨粉机需经常移动工作地点,那么就应把磨粉机安装在坚固结实的木架座上,尽量减少工作时的振动,移动时连同木架座一起移动。

(3)动力选配 磨粉机动力可用电动机或柴油机。电动机或柴油机的选配,应使动力等于或略大于磨粉机铭牌上所要求的数值,这样才能保证磨粉机正常工作。然后再根据磨粉机铭牌所规定的额定转速,计算出电动机(或柴油机)上皮带轮

的直径(皮带打滑略去不计)。计算公式如下:

电动机皮带轮直径(毫米)＝

$$\frac{磨粉机大皮带轮直径(毫米)×磨粉机额定转速(转/分)}{电动机额定转速(转/分)}$$

(4)安装后试车前的检查 ①检查电源、电机接线是否正常。②检查磨粉机各部分装配是否正确(磨片上的方帽螺栓不准高出磨片),各螺栓是否紧固,润滑情况是否良好。③检查传动皮带的张紧程度是否适宜。④用手转动主轴皮带轮,是否转动灵活、平稳。⑤检查调节丝杆是否可以进退自如,弹簧能否把动磨片及时弹回。⑥检查筛绢是否压紧。风扇叶应距离筛面5～7毫米为合适,检查圆筛和风扇叶是否碰撞或远离筛框。⑦所加工的物料要经过筛选和水选,以防混入杂质,损坏磨片和打坏筛绢。

(5)试车 对磨粉机做好认真的安全检查后,可以开动试车。试车时应注意以下事项:①磨粉机开动后,首先要倾听机器内部是否有不正常声音。若有异常声音,应立即停车检查。②观察磨粉机旋转方向是否与机盖上所示箭头方向一致,若不一致,应倒换电机接线。③机器运转正常后,把进料斗底部的插板关好,才可以往进料斗装物料。新磨粉机或新更换磨片的磨粉机,应先用几千克麸皮试磨一二遍后再磨粮食。④一面调节手轮,一面慢慢打开进料斗的插板。磨第一遍时,插板不能全部拉开,应开10～15毫米,否则容易使机器超负荷发生闷车,同时也容易打破筛绢。⑤在机器工作过程中,进料斗内要经常保持有一定的物料。否则机器空磨时,会使两磨片直接接触而严重磨损。⑥加工原粮应本着先粗后细的原则,逐渐调节两磨片的间距,并随着研磨遍数的增加,逐渐开大进料斗插板。小麦、玉米研磨遍数及出粉率是:小麦:第一遍出粉率

30%，第二遍出粉率 25%，第三遍出粉率 15%，第四遍出粉率 8%，第五遍出粉率 4%，第六遍出粉率 3%；玉米：第一遍出粉率 30%，第二遍出粉率 40%，第三遍出粉率 15%，第四遍出粉率 10%。⑦每次动、静磨片间距调节适当后，必须把调节背母拧紧，以保持调好的间距。⑧新安装或新更换磨片的磨粉机，开车 1 小时后必须停车，重新再把各处螺丝拧紧。⑨停磨前应立即退回调节丝杆，使动、静磨片及时脱开，以免两磨片直接接触摩擦。每次磨粉结束时，应让机器空转 2～3 分钟，使圆筛内的余料清理干净。

（6）保养　对磨粉机进行经常性保养，是提高磨粉质量和延长机器使用寿命的重要一环。其保养内容和方法如下：

第一，每班工作结束后，应清扫机器，清除内外通道的粉麸。

第二，检查各处螺栓是否松动，圆筛筛绢是否压紧，风叶与筛绢的间距是否适当。

第三，定期向轴承内加注润滑油。钢磨主轴左端 206 轴承、右端 207 轴承和圆筛两端的两盘 205 轴承，每隔 2～3 个月各加注 1 次黄油。

第四，每班工作前，应把调节丝杆拧下来，在其头部涂黄油，用以润滑珠轴。

第五，定期检查调节丝杆进退是否灵活，并应感觉到压力弹簧对动磨片有一定的弹力。若弹簧折断或珠轴磨损，应及时更换。其方法是：首先把右面的皮带轮卸下，把调节丝杆拧下来，松开机盖上的 3 个螺母，拿掉法兰盘，然后把主轴上的丝堵拧下来，拿去挡圈，再松开机盖与机体的 4 只螺丝，卸下机盖，然后拧下风扇轮上的平头螺丝，卸下罩盖，取出主轴长孔里的横销，便可以更换弹簧和珠轴。

第六，当磨粉机工作一段时期，磨片磨损影响出粉时，应更换1次动、静磨片的相互位置。若磨片两面都已用过，则应更换新磨片。拆机更换磨片的方法与上述更换弹簧与珠轴的方法相同：把机盖卸下后，拆去风扇轮上的罩盖，取出横销，然后拔出销轴上的开口销、风扇轮和动磨片就可以退出来了。

在安装静磨片时，应将磨片的3个螺孔与机体的3个螺丝孔对准，依次逐渐拧紧螺母。在拧紧螺母的过程中，要时刻注意磨片边缘各点与机座内壁相距一致，而保证磨片中心与机座的不同心度相差不超过1毫米。螺栓的方帽不准高于磨片。

在安装机盖时，要依次逐渐拧紧机盖与机体的4颗螺丝，同时用手转动皮带轮，观察主轴转动是否灵活。如不灵活，应利用机体与机盖的止口来调节它们的同心度（在机体与机盖的接触面外缘有凹凸接口，即为止口。如图20所示：盖上凹进去的圆周内径 a 略大于机体上凸出的圆周直径 b，所以机盖上到机体上能有一定的活动量，用来调整主轴同心度），直到主轴转动灵活时，才可均匀地把4颗螺丝拧紧。

第七，轴承磨损或损坏时，应及时更换。更换机盖上的206轴承比较方便，按上面所述过程拆下机盖，206轴承便可随机盖一起卸下，然后松开机盖内壁上的轴承盖螺丝，取下轴承盖，就可以用硬质木棒打击轴承外圈，即可卸下。更换207轴承比较麻烦，需先拆下机盖、横销，并把风

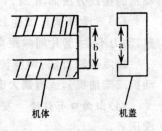

图20 圆盘式磨粉机的机体和机盖上的止口示意图

扇、动磨片和粉碎齿轮一起从主轴上退出（拆卸过程如上述更

换磨片所述),再松开右轴承端盖的螺钉,并拆下轴承端盖,然后取下主轴上的卡簧,扶正主轴并用硬质木棒打击主轴左端,就可以把主轴和 207 轴承一起从右方拿下来了。

32. 圆盘式磨粉机常见故障产生的原因是什么? 怎样排除?

(1)机器不转 发生故障的原因:主轴转动不灵活。

故障排除方法:拆下主轴和轴承清洗,加润滑油;调节机盖与机体两轴承的同心度。

(2)初试车不出面 发生故障的原因:主轴旋转方向不对。

故障排除方法:重新连接电源接线,任意调换两个电源接线线端,看其旋转方向是否和机盖上箭头方向一致,如一致即旋转方向正确,如不一致,停机再调换电源接线接头(农村常用的三相异步电动机,由于电动机的旋转方向与磁场旋转方向一致,所以任意调换定子绕组与电源相接的两个线端,可以改变磁场旋转方向,因而也就改变了电动机的旋转方向)。电动机的接线方法如图 21。

(3)产量降低 发生故障的原因:主轴转速低于额定转速,动力不足;磨片间隙距离过小;磨片磨损。

故障排除方法:调整转速至额定转速;更换大的动力(电动机或柴油机),适当调大磨片的间隙;更换新磨片。

(4)出面口有麸渣 发生故障的原因:筛绢有破口或绢框没压紧。

故障排除方法:修补筛绢或压紧绢框。

(5)麸渣内含面粉多 发生故障的原因:粮湿糊住筛绢孔;进料流量过大;风叶螺旋角过大。

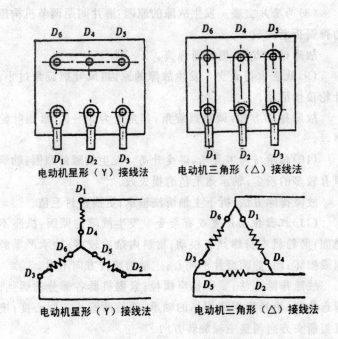

电动机星形（Y）接线法　　　　　电动机三角形（△）接线法

电动机星形（Y）接线法　　　　　电动机三角形（△）接线法

图 21　电动机接线方法图

故障排除方法：晒干原粮，清扫筛绢，调整好进料流量；适当调小风叶螺旋角。

（6）筛绢突然破裂　发生故障的原因：流量突然加大；物料中混有石块或杂物；进料斗插板没关就装原粮。

故障排除方法：控制好进料流量；清选好原粮；关好进料斗插板后再装原粮。

（7）面粉温度高　发生故障的原因：磨粉机超过额定转速，进料过多负荷过大；两磨片间距过小；粮食太湿。

故障排除方法：应保证磨粉机在额定转速下工作，减少进料流量；适当松开调节手轮，增大两磨片间距；晒干原粮。

（8）两磨片空磨　发生故障的原因：磨片间距调节机构压力弹簧折断失效。

故障排除方法：更换新弹簧。

（9）麸渣出得太少　发生故障的原因：风叶螺旋角过小；叶轮顶丝活动。

故障排除方法：调整螺旋角，其角度为 $3°\sim5°$；紧固叶轮顶丝。

（10）轴承转动不灵活，温度升高　发生故障的原因：轴承里有较多的粉尘；轴承盖毛毡磨损失效。

故障排除方法：拆下主轴清洗轴承；更换密封毛毡。

（11）机器振动严重或有杂音　发生故障的原因：机座不稳固；磨粉机本身螺丝有松动；物料内杂质较多；轴承严重磨损或损坏；动、静两磨片不同心；主轴的旋转方向不对。

故障排除方法：紧固机座螺栓；紧固机器各部分的螺丝；清选物料；更换磨损或损坏的轴承；调整两磨片的同心度；按机盖箭头方向调整主轴旋转方向。

33. 对辊式磨粉机的构造是怎样的？

对辊式磨粉机与圆盘式磨粉机相比，其特点是磨粉质量好。它主要用于加工小麦，还可以加工玉米、高粱等其他粮食。对辊式磨粉机结构紧凑，操作方便，生产率高，能量消耗少，适于村镇小型粮食加工厂使用。

目前，全国各地生产对辊式磨粉机的厂家较多，型号也多。但从总的结构上看，差别不大。在结构上，有的机型采用喂入辊，有的机型没有喂入辊；有的机型采用震动式方筛形式；有的机型采用转动式圆筛形式，因而在传动上也带来一些差别，但各式对辊磨粉机的工作形式和原理是相同的。这里以

MFG-125 型对辊式磨粉机为例,介绍它的构造。

MFG-125 型对辊式磨粉机主要由磨粉、筛选、传动和机架等 4 部分组成(图 22)。

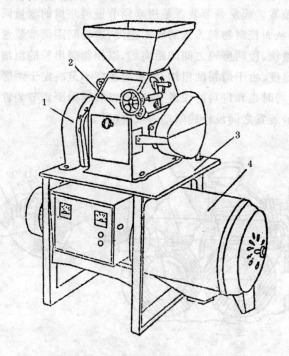

图 22　MFG-125 型对辊式磨粉机外形图

1. 传动部分　2. 磨粉部分　3. 机架部分　4. 筛选部分

磨粉部分主要由进料斗、流量调节机构、快慢磨辊、磨辊间距调节机构和机体等部分组成。

进料斗安装在机座上方,进料斗底部有 1 块可调节开度的倾斜薄铁板叫流量调节板。进料斗的下部在机体内壁上,还装有 2 块木质的左、右壁板和 1 块前滑板,它们都是可调整的,为防止物料不经对辊的挤压研磨而从磨辊两端或另一侧漏出。

　　磨粉机的两外侧壁上分别装有流量调节装置和磨辊间距调节装置。流量调节装置是用来调节进料斗里的流量调节板开度,从而控制物料流入磨辊的速度。磨辊间距调节装置是用来调整快、慢两磨辊之间的距离的,以控制磨出粉的粗细和磨粉的速度。由于磨粉的粗细、磨粉的速度不但决定于两磨辊的间距,同时也和进料的快慢有关,所以磨辊间距调节装置与流量调节装置之间设计成联动的机构(图23)。

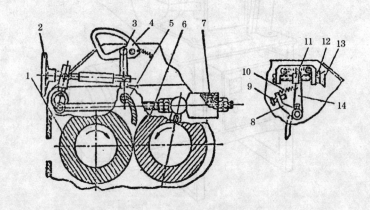

图 23　磨粉机的流量及磨辊间距调节图

1. 快辊　2. 流量调节手轮　3. 流量调节手柄　4. 闸钩　5. 流量
调节板　6. 慢辊　7. 压力弹簧　8. 联动座　9. 顶丝　10. 流量调节拉簧
11. 流量调节滑块　12. 限位螺钉　13. 微量调节小手轮　14. 流量调节柄

　　两个磨辊是对辊式磨粉机的主要工作部件。MFG-125 型对辊式磨粉机的磨辊直径为 180 毫米,长 200 毫米。对物料进行研磨是依靠两磨辊间的挤压、磨辊上齿的剪切以及两磨辊转速不同而产生的磨搓作用使物料粉碎成粉的。所以,正确调整磨辊间的压力和经常保持辊齿的尖锐,是提高磨粉质量和生产率的主要因素。

两磨辊的辊面上都有一定倾角的齿,齿细而密,因而它有较强的研磨能力。新拉丝的磨辊,磨粉效率较高。当磨辊工作一段时期,齿形磨损后,生产效率显著降低时,可将慢辊调头,继续使用。磨辊进一步磨损,产量更加降低时,再将快辊调头,继续使用。当磨辊严重磨损,每小时磨粉产量下降到50千克以下,耗电量显著增大,应重新拉丝(拉丝就是用专用设备恢复磨辊上齿的形状和尖锐度)。

磨辊两端采用锡青铜滑动轴承。轴承座分别用螺栓固定在机体两侧。轴承座上设有油盖,打开油盖便可以给滑动轴承注油。慢辊的轴承座是可移动的,由磨辊间距调节装置来控制慢辊的移动量,以达到两磨辊间距变化的目的。快辊的下面安有一排鹅翎刷,刷板下的两端有两个小弹簧,在弹簧的弹力作用下使鹅翎刷紧贴辊面。这样鹅翎刷能及时刷除粘在磨辊上的面粉,使磨辊正常工作。

机体是一个近似长方形的铸铁壳体,壳体的前后和上方各有1个方形门,这些门一方面便于磨粉机的维修保养;另一方面当磨粉机停止工作时,可以打开这些方门,使机内散热降温。在机体两侧轴承座的旁边,有4小块可拆卸的壳体,当需要拆磨辊时,应先拆下这4块小壳体。

MFG-125型对辊式磨粉机采用圆筒形筛粉机构。外圆筒用薄铁卷制成,圆筒下面是出粉口,圆筒端盖上是出麸口。筛芯是由24根辐条焊成圆柱形,辐条外面围有锦纶筛网。筛芯两端的筛圈上穿有1根小轴,轴上有凹槽,小轴头部装有棘轮,棘轮旁还装有棘爪,这套棘轮、棘爪机构是用来调整筛网的紧度的。圆筛中心是风叶轮,轮上有两个风叶和两把猪鬃毛刷,毛刷的位置可适当调整,以便使毛刷始终能刷到筛网上。

　　磨粉机的传动如图 24 所示。电动机的动力由 A 型三角带传至主轴的大皮带轮上。因为电动机在机架上的位置可适当调整,所以三角带的长度可采用 1 600 毫米、1 627 毫米、1 651 毫米、1 676 毫米等 4 种规格。再由主轴的小皮带轮通过 1 372 A 型三角带,把动力传至圆筛风叶轮上。在主轴的另一端有 1 个 16 齿的小齿轮,慢辊上有 1 个 40 齿的大齿轮,通过这对齿轮又使慢辊以较低的速度转动。

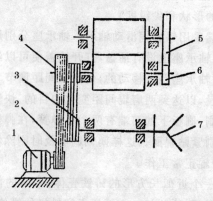

图 24　磨粉机传动线路图
1. 电动机　2. 电机三角带　3. 圆筛三角带　4. 大皮带轮
5. 大齿轮　6. 小齿轮　7. 圆筛

　　机架为一小方桌形铸铁架,磨粉部分、筛选部分和电机都安装在机架上,成为结构紧凑的整体。机架一侧的电机座为可调式,利用机架上的弧形长孔来调节电机的位置,以便适当调整三角带的松紧度,使电机能正常工作。

34. MFG-125 型对辊式磨粉机工作过程是怎样的？

磨粉机工作流程如图 25 所示。物料由进料斗 1 通过流量

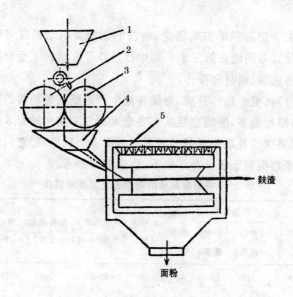

图 25　磨粉机的工作流程图

1. 进料斗　2. 快辊　3. 慢辊　4. 出料斗　5. 圆筛

调节板流到慢辊 3 上，再由慢辊把物料喂入至快慢辊之间。物料在进入快慢辊后，一方面受到两磨辊的压力而被粉碎；另一方面由于两个磨辊转动的速度不同，因此物料在两磨辊间也受到很大的剪切力，两磨辊表面细而密的齿大大增强了对物料的这种剪切能力。所以物料在经过两磨辊时，被挤压、剪切、研磨成粉。被研磨的物料经磨辊下方的出料斗 4 送入圆筛 5，细粉在风力和毛刷作用下，经筛网由出粉口流出。麸渣由圆筛

一端的出麸口流出。由人工把麸渣再送入进料斗继续进行研磨。一般小麦需磨制 5 遍。

35. 怎样正确使用和操作 MFG-125 型对辊式磨粉机？

关于磨粉机的安装固定,电机的选配及电动机皮带轮直径的计算等问题在第三十一问中已经作了介绍。下面介绍磨粉机的选型、润滑和操作。

(1)机型介绍 目前,全国各地生产对辊式磨粉机的厂家很多,型号也多,磨辊直径从 172 毫米到 220 毫米的有 5 种规格。现将这 5 种磨辊规格的磨粉机各举 1 个机型,把它们的主要技术数据列于表 2 介绍如下,供选型时参考。

表 2　5 种磨辊规格的磨粉机主要技术数据

| 型　号 | 磨辊规格 | | 快辊转速(转/分) | 出粉率(%) | 生产率(千克/小时) | 配套动力(千瓦) | 净重(千克) |
	直径(毫米)	长度(毫米)					
6F-1728	172	280	450	85	65～75	3.0	265
MFG-125	180	200	735	85	110～125	5.5	260
MF130-K	188	350	600	—	130	5.5	480
MF-110	200	300	540	83～85	110	2.8	410
MF150B-35	220	350	476	85～95	120～200	5.5	700

(2)润滑 MFG-125 型对辊式磨粉机的磨辊和圆筛部分是采用滑动轴承,使用 45 号机油润滑。新磨粉机运转 1 周后,应进行第一次换油。换油时将轴承内的贮油倒出来,用新机油

洗净后,再注入新的机油。以后每次磨辊拉丝后要换 1 次油。平时要求经常加油,以维持轴承内的适当贮油量。磨辊轴承每隔4～5 小时打开油盖注油,圆筛轴承每隔 8 小时注油。

磨辊轴承材料为锡青铜,圆筛轴承材料为粉末冶金。这里必须注意:严禁用汽油、柴油、煤油洗涤粉末冶金轴承。

磨辊轴端的 1 对传动齿轮,也是采用 45 号机油润滑。在齿轮的油池内经常保持有一定的油量,油面高度以没过大齿轮 12～15 毫米为宜。

(3)操作 开车前准备:①开车前先检查各部分的紧固情况、皮带的松紧度和安全防护装置的可靠性等。②按上列润滑部位,检查润滑油情况。③检查磨辊间距是否一致。④原粮必须经过清理和水润(含水量以 13％～14％为宜)才能加工。开车后的操作:①启动机器后先进行空车运转(此时严禁将磨辊推至工作位置),观察机器是否有显著震动和不正常的响声。②将加工的原粮放入进料斗,然后缓慢推动流量调节手柄至工作位置。③观察喂料情况及磨辊破碎情况,分别调节流量手轮和微量调节小手轮。④随时检查粉末冶金轴承和锡青铜轴承有无过热现象(温度不允许超过 65℃)。⑤观察是否有麸渣跑入面粉中和筛不净的情况。⑥磨粉工作结束后,使圆筛继续工作几分钟,以免有过多的面粉和麸渣积存在圆筛内。同时打开两扇磨门和磨窗进行通风,让里面的热气及时散出。⑦清除机器内外的粉麸,检查鹅翎刷和猪鬃刷是否完好,检查筛绢是否松动和完好。⑧该机主要磨制小麦,如磨玉米时需要更换粗牙磨辊和粗筛绢。

36. 怎样正确调节 MFG-125 型对辊式磨粉机?

(1)喂入量的调节 如前面图 23 所示,喂入量的大小是由流量调节板 5 和慢辊 6 之间的间隙来决定的,此间隙的大小应根据原粮颗粒的大小和工作情况进行调节。喂入量的大小要适当,喂入太少,使生产率降低,而且也加快磨辊的磨损;喂入太多,使研磨质量变差,磨辊运转不平稳,甚至会发生闷车。一般是在机器未启动前,根据流量大小的要求(预调位置宜小,以避免流量过大,发生闷车),先把流量调节滑块 11 调到一定的位置,机器开动后合上闸钩 4。由于物料的重量和流量调节拉簧 10 的拉力,使流量调节板 5 打开到预调位置。如喂入量不合适,可转动微量调节小手轮 13,以达到合适的喂入量。联动座上的顶丝 9 和流量调节座上的限位螺钉 12 是保证在落下闸钩时,限制流量调节板与磨辊之间的间距,使其处在既不摩擦,又不漏粮的位置。顶丝和限位螺钉均可预先调好。

(2)磨辊间距的调节 如图 23 所示,两磨辊的间距主要是由压力弹簧 7 来调节的、压力弹簧需保证磨辊在工作中能有一定的压力,并起到安全作用。如弹簧压力过小,会使磨辊的工作效率降低;如果弹簧压力过大,当原粮中含有硬金属或石块时,慢辊移动的距离就小,会使磨辊的工作齿面受到损伤。因此,压缩弹簧的压力要调节适宜。

调节的方法是先合上闸钩,拧动调节螺母来调节弹簧的变形量,一般使弹簧压缩 8～10 毫米,两边弹簧调节应均匀一致。然后目测或用薄铁皮检查磨辊间距是否一致。也可以用 180 毫米宽的薄纸条喂入两磨辊之间,转动流量调节手轮 2,调紧轧距,用手转动三角皮带轮,观察薄纸条被磨辊压的痕迹是否均匀一致,如果痕迹不均匀,可调节拉杆长度或弹簧的压力。

磨粉机在使用中,也可以随时检查磨下物料的破碎情况是否均匀。如果不均匀,可调节两边的弹簧的压力即可。

（3）壁板和长滑板的调节　如图 26 所示，在磨辊两端的壳体内壁上，装有木质壁板 2，以防物料不经研磨而从磨辊两端漏出。当磨辊直径变小时，先将螺栓 5 松开，将壁板下移，缩小壁板与磨辊之间的间隙，以不漏物料为准，再把螺栓拧紧。

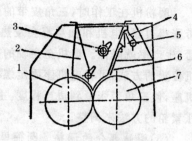

图 26　长滑板及壁板调节图
1. 快辊　2. 左右壁板　3. 螺栓
4. 曲柄　5. 螺栓　6. 前长滑板
7. 慢辊

每当磨辊拉 1 次丝或更换磨辊时，需调整长滑板 6，以防漏粮或摩擦磨辊。调整时将螺栓 3 松开，转动曲柄 4，使前长滑板与快辊保持在 1.5～2 毫米的间隙，再把螺栓拧紧。

（4）传动齿轮和皮带的调整　当磨辊磨损经过拉丝后，直径会变小，两磨辊的中心距也逐渐缩小，因而传动磨辊的 2 个齿轮也需随之变小，才能使磨辊正常工作。MFG-125 型对辊式磨粉机备有 3 个供更换的齿轮。两磨辊中心距与齿轮齿数的配合见表 3：

表 3　MFG-125 型对辊式磨粉机磨辊中心距与齿轮齿数的配合

磨辊中心距（即两磨辊直径平均值）	快辊齿轮齿数	慢辊齿轮齿数	传动比
180～174.5 毫米	16	40	2.5
174.5～168.5 毫米	16	38	2.38
168.5～162 毫米	14	38	2.71
162～156 毫米	14	36	2.57

磨粉机在工作时,三角皮带的张紧程度要适当。如果三角带张得过紧,电机和轴承都会发热;如果过松,三角带就会打滑,生产率就降低。电机至主轴的三角带调整,是采用移动电机位置的方法,可将电机座固定螺栓松开,向下或向上移动电机座,使三角带张紧到适当程度。主轴至圆筛的三角带是采用张紧轮的方法来调整。

(5)圆筛部分的调整　圆筛里筛绢的状况直接影响到筛粉的质量。筛绢包在筛芯的辐条上不可过紧或过松。过紧会影响筛绢寿命,过松会使筛选不净。当圆筛使用一段时间,筛绢变松时,可转动棘轮轴上的棘轮进行调整。如果是更换筛绢,先将圆筛盖打开,取出筛芯,松开棘轮轴,把棘轮轴槽里的铁丝抽出,取下筛绢,再将新筛绢套在筛芯上,用铁丝压住筛绢上的白布条,然后转动棘轮轴至适当紧度。

圆筛内的风叶轮上装有两把猪鬃刷,它起推送细粉出绢筛和及时清扫筛绢网眼,使之始终保持畅通的作用。因此猪鬃刷应紧贴靠在筛绢上,当毛刷刷不到筛绢时,可松开毛刷把上的固定螺栓,利用刷把上的长孔移动刷子的位置。

37. 锥式磨粉机的构造是怎样的?

锥式磨粉机的外形、结构都与圆盘式磨粉机相似,它们的主要差别在于:一个是圆盘形磨头,一个是圆锥形磨头。锥式磨粉机也是一种结构比较简单,使用方便,价格低廉,能加工多种粮食的小型磨粉机械。

锥式磨粉机的生产厂家较多,型号也多,但在结构上大多相似。从磨筛装配形式上看,分为两种结构形式:一种是筛粉部分与磨粉部分合为一体的结构;另一种是筛粉与磨粉部分分置的结构。下面介绍 FMZ-21 型磨粉机的构造,通过它可了解各种锥式磨粉机的基本构造。

FMZ-21型磨粉机主要由磨粉和筛选两大部分组成,体积小,搬运方便(图27)。

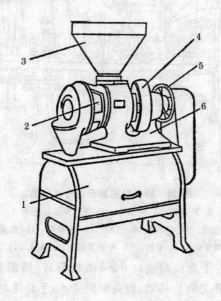

图27　FMZ-21型磨粉机外形图

1.筛选部分　2.磨粉部分　3.进料斗　4.皮带轮　5.调节手轮　6.机体

（1）磨粉部分　磨粉部分又可分为喂料部分、工作部分、传动部分、调节部分和机体部分。如图28所示。

①喂料部分:主要由进料斗5和调节进料的插板组成。

②工作部分:主要由推进器7、内磨头4和外磨头3组成。

③传动部分:由电动机通过皮带带动皮带轮8,使主轴9、推进器、内磨头工作。罩轮16带动圆筛工作。

④调节部分:由调节套12、手轮13、外调节套14和弹簧

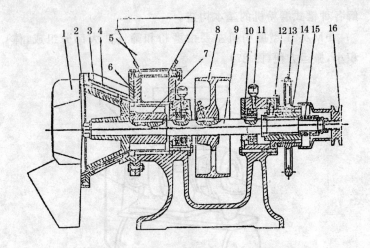

图 28　磨粉机的磨粉部分结构图

1. 出粉嘴　2. 压紧环　3. 外磨头　4. 内磨头　5. 进料斗　6. 保护套
7. 推进器　8. 皮带轮　9. 主轴　10. 轴承套　11. 旋盖油杯
12. 调节套　13. 手轮　14. 外调节套　15. 弹簧　16. 罩轮

15 等组成。手轮按刻度由 0→6 方向旋转,则调节套向后移动,主轴也随之向后移动,磨头间距变小;手轮反向旋转,则磨头间距变大。

⑤机体部分:用于连接,支撑各个装置。

(2)筛选部分　主要由机架、盖板、绢框、筛绢、叶轮和风叶等组成(图 29)。

38. 锥式磨粉机的工作过程是怎样的?

锥式磨粉机工作时,物料慢慢流入机体内,并由推进器将物料送入两个磨头的间隙里。在此,物料一方面受磨头的挤压而粉碎,另一方面由于两磨头的转速不同而使物料受到很大的剪切力。因此,物料进入两磨头之间后,受到反复挤压、剪切和

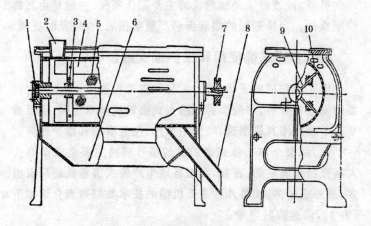

图 29　磨粉机的筛选部分结构图

1. 205 轴承　2. 漏粉嘴　3. 顶丝　4. 风叶　5. 筛绢

6. 集粉斗　7. 小皮带轮　8. 出麸口　9. 叶轮　10. 筛网架

研磨,研磨后的物料流入筛粉箱内进行筛选,细粉在叶轮风力的作用下,通过筛绢孔进入集粉斗内,麸皮则由风叶送出出麸口。

39. 锥式磨粉机的主要工作部件有哪些？在使用中应注意什么事项？

锥式磨粉机的主要工作部件是内、外两个锥形磨头(也叫动磨头、静磨头)。它们采用冷铸法制成,磨头表面为白口铁,坚硬耐磨。内、外磨头上都有细密的齿,这样能大大增加粉碎和研磨的能力。

内、外磨头是磨粉机的易损件,一般在加工 10～15 吨粮食后,磨头表面的细齿磨损就比较严重了,须更换新磨头。不然,将影响磨粉质量,使生产率明显下降。新买的磨头应规整、光洁,浇铸的型砂、浇口、毛边、毛刺都应清除干净。

另外,推进器也是磨粉机的主要工作部件,一般是由灰铸铁制成的。当推进器的螺旋齿形严重磨损后,也须及时更换。

40. 怎样正确使用和维护锥式磨粉机?

锥式磨粉机的安装、动力配套和皮带轮选配,工作前对机器的安全检查等,与前面讲的圆盘式磨粉机基本相同,不再重复。下面介绍其机型选择、使用操作、注意事项和维护保养。

(1)机型介绍 锥式磨粉机的型号规格主要是以动磨头大端直径来确定的。目前,我国各地生产锥式磨粉机的厂家很多,型号也较多。现将几种主要机型的技术数据列表介绍如下(表4),供选购时参考。

表4 锥式磨粉机几种主要机型的技术数据

型 号	磨头大端直径(毫米)	主轴转速(转/分)	出粉率(%)	生产率(小麦千克/小时)	配套动力(千瓦)	净 重(千克)
FMZ-21	210	460	85	80	4.5	167
FMZ-21-4	216	750	85	80	4.6	167
FMZ-278	278	550~650	85	120~180	7.0	175
FMZ-28B	280	550~620	80	75~100	7.0	130

(2)使用操作

第一,一般需两人操作,一人负责加粮,掌握喂入量和调节两个磨头的工作间隙,另一人负责收麸渣和面粉。

第二,锥磨开动前,应关闭进料斗底部的插板,进料斗内盛好待磨的粮食,磨头调在空车位置(即磨头最大间隙位置)。

第三,待锥磨转动平稳后,即用手转动调节手轮,当听到两磨头间有轻微摩擦声时,应立即拉开进料斗底部的插板至适当位置。

第四,磨头工作间隙的调整:喂入量的多少,应与磨头的工作间隙配合来决定。喂入量过多,会发生闷车、坠坏筛底;喂入量过少,会加快磨头的磨损,生产效率也过低。在实际工作中,一般以麸渣的粗细和出粉率来选配磨头的工作间隙和喂入量。磨小麦时,一般第一道出粉率控制在50%左右,以后各道磨头工作间隙应逐渐减小,麸渣应逐渐变细,出粉率也一道比一道减少。

磨玉米时,因玉米颗粒较大且坚硬,磨第一遍时不可要求出粉率过高(一般控制在30%以下),磨头间隙要调节大一些,先粗破碎,第二遍以后再与小麦一样操作。

第五,每一批粮食磨完时,或工作中必须停车时,应首先关闭进料斗底部的插板,并迅速将调节手轮向松开的方向旋转,使两磨头迅速脱离,然后将筛内余料清理干净。

(3)注意事项

第一,操作者衣服、衣袖应扎紧,妇女应带工作帽,避免衣服、发辫被机器缠绕而发生事故。

第二,待磨的粮食应经过清选,严防金属、石块等杂物混入机内。工作场所应保持整洁。

第三,粮食所含水分应适当,小麦含水量以14%~14.5%为宜,其他粮食不需润水,豆类、薯干必须晒干。

第四,在机器运行中,不准拆看和检查机器的任何部分,如遇有不正常现象,应立即停车检查。

第五,进料斗加粮要及时,不允许中断进粮,否则磨头空磨会加剧磨损,使面粉含铁量增多和温度过高而影响面粉质量。

第六,禁止在出面口、出麸口结扎面袋,以免影响风力循环,造成散热不良。

（4）维护保养

第一，经常保持磨粉机各个部位润滑良好。这是保证磨粉质量和延长机器使用寿命的必要条件。润滑部位及维护要求如表5。

表5　锥式磨粉机润滑部位及维护要求

润滑部位	油　类	润滑方法	注油期限
主轴前后轴承	黄　油	用旋盖式黄油杯注入	1～2个月
手轮内止推轴承	黄　油	卸下罩轮后注入	7天
圆筛前后轴承	黄　油	卸下轴承盖后注入	1～2个月
主轴前后轴承套	机　油	用油壶由轴承套端滴入	1～2天

第二，每班工作结束后，必须清除机器内外残留的粉麸。如长期停止使用，更应彻底清扫机器各个部位的粉麸、污物，保持机器的清洁、干燥，防止生锈。

第三，在更换磨头、推进器时，各件端面要保持清洁，不得带有杂物，否则会引起磨头摆动。装配好以后，用手转动主轴，仔细检查磨头的同心度，如有摆动，应查出原因，重新组装。

41. 锥式磨粉机常见故障发生的原因是什么？怎样排除？

（1）初试车不出面粉　发生故障的原因：主要是旋转方向不对。

故障排除方法：按机壳所示旋转方向重新接电动机电源接线（参看本书第三十二问中电动机接线方法）。

（2）出面口带麸渣　发生故障的原因：筛绢破漏。

故障排除方法:修补或更换新筛绢。

(3)麸渣内面粉多　发生故障的原因:粮食太潮湿,糊住筛孔。

故障排除方法:晒干粮食,清扫筛绢。

(4)磨头调节不灵活　发生故障的原因:轴承套抱轴;压力弹簧或轴承损坏。

故障排除方法:拆洗轴承,更换损坏的零件。

(5)面粉温度过高　发生故障的原因:喂入量过大,磨头间隙调得过小;粮食太潮。

故障排除方法:减少喂入量,调大磨头间隙;晒干粮食。

(6)轴承温度过高　发生故障的原因:轴承内积满杂物,轴承内缺油。

故障排除方法:拆洗轴承,进行清洁;加润滑油。

(7)机器有杂音　发生故障的原因:粮食内有杂物;轴承损坏;外磨头松动。

故障排除方法:清选粮食;更换轴承;紧固外磨头压紧环。

(8)生产效率低　发生故障的原因:磨头磨损;传动皮带太松;粮食潮湿。

故障排除方法:更换磨头;适当张紧传动皮带;晒干粮食。

42. 磨粉碾米两用机的构造是怎样的?

磨粉碾米两用机是一种多用途机具,它是同一机具经简单改装而成。它既可以磨粉,又可以碾米。这种两用机利用率高,生产费用低,适于农村使用。LY-240 型磨粉碾米两用机,既可以碾制大米、小米,又可以磨小麦粉、玉米粉及其他粮食制粉,是一机多用的小型粮食加工机械。下面介绍它的构造。

LY-240 型磨粉碾米两用机的主要技术数据如下:

动磨头直径（大端）：240 毫米

碾米芯筒直径为 94 毫米，长度 290 毫米

碾米辊筒直径为 85 毫米，长度 285 毫米（两节）

主轴转速：500～600 转/分

生产率：碾米 300～500 千克/小时，磨粉 100～250 千克/小时

配套动力：7 千瓦

LY-240 型磨粉碾米两用机主要由主机部分、磨粉部分、碾米部分和吸糠部分等 4 大部分组成，结构紧凑，搬运方便（图 30）。

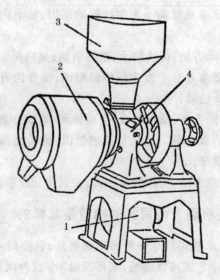

图 30　LY-240 型磨粉碾米两用机外形图

1. 风机　2. 圆筛　3. 进料斗　4. 主机

主机部分由进料斗、机体、主轴、螺旋辊筒、平皮带轮、三角皮带轮和调节机构等组成。调节机构包括有调节手轮、顶

丝、调节丝母、弹簧、机尾盖等零件。

磨粉部分主要由磨粉芯筒、外壳、动磨头、定磨头、压圈、圆筛、拨面筒（包括有拨面板、毛刷）、贮面筒、出面口、出麸口等组成。

碾米部分主要由精白辊筒、芯筒、搅米针、出米嘴、压砣、压杆和溜筛等组成。

吸糠部分主要由吸糠筒、风机和小三角皮带轮等组成。

43. LY-240型磨粉碾米两用机的安装和工作过程是怎样的？

磨粉时，机器的安装结构如图31所示。把磨粉部分的机件组装在主机的左端，组装时要把外壳的右端面、动磨头的端面、主机的左端面、螺旋辊筒端面等接触面擦干净，并均匀地拧紧连接螺栓，以保证装配的各部分与主轴同心。否则，如果接触面粘有杂物，会使磨头摆动，引起机器振动而影响面粉质量和产量。磨粉时，机器组装后的形式与锥磨相似。

碾米时，把磨粉部分的圆筛、动磨头、定磨头、外壳等卸掉，然后按图32所示，把碾米部分的机件安装在主机上。先把磨面芯筒卸掉，换上碾米芯筒，并用顶丝拧紧，然后把精白辊筒装在主轴上，再装上搅米针，把轴端螺栓紧固好，把出米嘴套在碾米芯筒上，并使出米嘴右端面距主机左端面25～45毫米，然后用顶丝拧紧。吸糠部分是碾米时的精粮机构，因此要把风机与主机间套上三角皮带，使风机同时工作，并在风机口上装好吸糠筒，吸糠筒与风机的连接部分要严密，使吸糠筒工作时有足够的风量，保证精粮质量。

磨粉工作时，原粮由进料斗经底部的插板口流入到螺旋辊筒与磨面芯筒之间，在这里原粮被初步破壳粉碎，尔后在螺

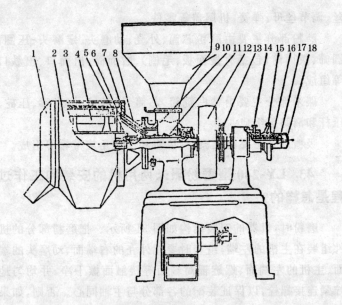

图31 磨粉时的安装结构图

1. 罗盖　2. 罗皮　3. 圆筛　4. 拨面板　5. 主轴　6. 压圈　7. 定磨头
8. 动磨头　9. 进料斗　10. 磨面芯筒　11. 螺旋辊筒　12. 平皮带轮
13. 三角皮带轮　14. 顶丝　15. 调节手轮　16. 弹簧　17. 后轴帽
18. 机尾盖

旋辊筒螺旋齿的推动下进入动磨头与定磨头之间,被进一步挤压、剪切和研磨,研磨后的物料直接流入圆筛进行筛选。拨面板是由主轴直接带动旋转的,在拨面板和毛刷的作用下,面粉通过圆筛由出面口排出,麸渣由出麸口排出。把出麸口排出的麸渣继续送入进料斗再次研磨。磨制小麦 3～5 遍即可。

　　碾米工作时,原粮由进料斗经插板流入碾米芯筒与螺旋辊筒之间,进行初碾脱壳。然后在螺旋辊筒的推动下,物料进入出米嘴与精白辊筒之间进一步碾磨,物料在这里继续被脱

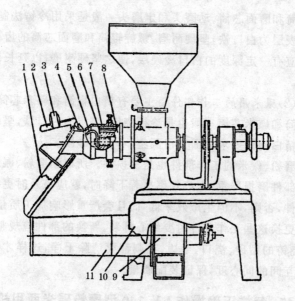

图 32　碾米时的安装结构图

1. 溜筛　2. 压砣杆　3. 压砣　4. 连接鼻　5. 搅米针

6. 精白辊筒　7. 芯筒　8. 出米嘴　9. 风机　10. 机架　11. 吸糠筒

壳,去皮碾白,最后由出米嘴排出。通过溜筛进行筛理,糠壳在流经吸糠筒时被风机吸入排出。由溜筛筛过的物料为细糠。溜筛下的物料继续送入进料斗碾磨,经过 2～3 遍后即可碾制成米。

44. LY-240 型磨粉碾米两用机主要工作部件是什么?

LY-240 型磨粉碾米两用机的工作部件由以下两部分组成:

(1)磨粉用的工作部件　主要有锥形动磨头、定磨头、螺旋辊筒和磨面芯筒。动磨头和定磨头一般是采用冷铸法制成，磨头表层为白口铁，坚硬耐磨。螺旋辊筒和磨面芯筒的齿顶表层也应有一定深度的白口冷硬层，使之坚硬耐磨，以延长使用寿命。

(2)碾米用的工作部件 主要有精白辊筒和碾米芯筒。精白辊筒和碾米芯筒一般也是冷模浇铸，表层为白口铁，坚硬耐磨。精白辊筒要求表面光滑圆整，不应有砂眼。

磨粉、碾米的工作部件也是易损件。所以当磨粉、碾米的工作部件磨损严重，生产效率显著下降时，就应该及时更换这些部件，否则，不但生产效率低，而且会严重影响加工质量。

更换这些工作部件时要细心拆装。新换的部件应规整、光洁，浇铸的型砂、浇口、毛边、毛刺都要清除干净，这样才能保证相互间的同心度，保证装配质量。

45. 怎样正确操作 LY-240 型磨粉碾米两用机？

关于两用机的安装固定、动力配套、皮带轮的选配，以及工作前的清理、安全检查、维护保养等，与前面讲的碾米机、磨粉机基本相同，不再重复。下面介绍磨粉、碾米的操作方法。

(1)磨粉时的操作方法 作业前，应使进料斗底部的插板处于关闭位置，然后将物料装满进料斗，旋转调节手轮，使动、定磨头脱开。

机器开动后，再慢慢转手调节手轮，使动、定磨头间隙缩小，当听到磨头之间有轻微摩擦声时，再拉开进料斗的插板，使物料进入机内研磨。出粉的多少和出渣的粗细可由调节手轮和进料斗插板配合调节。调好后分别用顶丝锁紧。一般磨制小麦 3～5 遍即可。

(2)碾米时的操作方法 作业前使进料斗插板处于关闭

位置,将原粮装满进料斗。转动调节手轮,使螺旋辊筒距离轴承套4~9毫米,让上、下两个三角皮带轮处在同一垂直面上,挂好活结三角带,将出米嘴后端面调至距机身前端面25~45毫米,并拧紧顶丝,把压砣放在砣杆的最上位置上。

开车后先空载运转1~2分钟,再将进料斗插板慢慢拉开,待原粮由出米嘴流出时再移动压砣位置加压。第一遍脱壳率一般应达到70%~80%,如果小于这个脱壳率,应将压砣向下移动,增加压砣压力,调至达到要求为止。但是压砣压力也不可过大,压力过大,会使排料阻力过大,这样碾白室内压力增加,摩擦力加大,虽然破壳和碾白效果提高,但动力消耗也相应加大,碎米大量增加。

另外,进料斗插板也不可开得过大,在生产中常用进料斗插板控制适当的进料流量,用压砣控制碾米机内部的压力,以达到脱壳、碾白的要求。这样磨碾2~3遍即可得到成品米。

四、饲料加工机械

46. 饲料粉碎机有几种类型?

饲料粉碎机既可以用来加工饲料,又可用来加工粮食。我国农村中一些粮食加工户多数用的是粉碎机,它既可粉碎小麦、玉米,又可加工粉碎饲料。有些地区将粉碎机经过简单改装,还可进行脱粒和切青饲料,是一种使用方便,具有多种用途的农村加工机械。

饲料粉碎机主要可分为齿爪式、锤片式和劲锤式3种类型。

47. 齿爪式粉碎机的主要工作过程和构造是怎样的?

齿爪式粉碎机(简称爪式粉碎机),主要由进料、粉碎及出料 3 部分组成(图 33)。

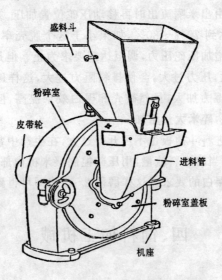

图 33 FFC-45 齿爪式粉碎机外形图

工作时,原料由盛料斗通过进料控制闸板,借自重进入粉碎室。粉碎室由动齿盘、定齿盘及筛子构成。原料在粉碎室中经高速旋转的动齿剪切,并打进动齿与定齿的工作间隙内,再抛向四周。在抛出的过程中,受到打击、碰撞及摩擦等作用,使颗粒逐渐粉碎成粉。同时由高速旋转的动齿盘形成的风压,把粉碎物通过筛孔吹出,较大的颗粒仍留在筛网内部继续被打击,直到通过筛孔为止。齿爪式粉碎机工作过程见图 34 所示。

齿爪式粉碎机的机体外壳由灰铸铁制成。形成圆形中空

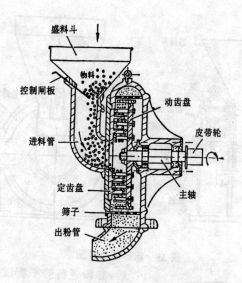

盛料斗

物料

控制闸板

进料管

定齿盘

筛子

出粉管

动齿盘

皮带轮

主轴

图 34　齿爪式粉碎机工作过程示意图

的粉碎室,机壳的一侧有安装动齿盘的轴承座。粉碎机另一侧,也是用灰铸铁制成的圆形盖板(活门),盖板中间有一圆孔,用来安装进料管,盖板的内侧用螺钉固定着定齿盘。盖板的一端用销子和机壳铰连在一起,另一端用压紧手轮压紧在粉碎室上,这样便形成一个封闭的粉碎室,如需检修保养,只要松开压紧手轮,即可将粉碎室打开。粉碎机总装见图 35 所示。

固定在盖板上的定齿盘,铸有两层等距分布的齿爪,内层为粗碎齿,外层为细碎齿,用来与动齿配合粉碎物料。

动齿盘装在 1 根轴上,由两个轴承支撑,轴的另一端固定着传动皮带轮。齿爪用 45 号钢制成扁齿和圆齿,经淬火处理。齿盘上的齿交错排列,最里层的为搅拌齿,第三层为细碎齿,第二层为粗碎齿,最外边的扁齿为粉碎齿。动齿盘装配好以

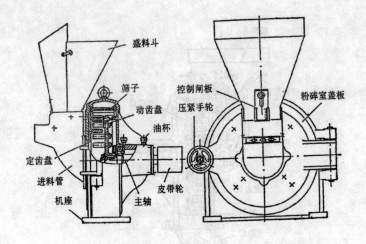

图 35 粉碎机总装图

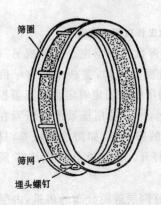

图 36 粉碎机的筛子

后,必须进行静平衡试验,以保证粉碎机稳定工作。

筛子由筛网、筛圈及埋头螺钉等组成(图 36)。筛网是由冲孔的薄钢板制成,冲出的孔有不同孔径,使用时,可根据粒度的要求更换筛网。

进料部分由盛料斗、闸板、料斗座及进料管组成(图 37)。

盛料斗由铁皮制成,共分两半,平时用挂钩连接在一起。

盛料斗的一侧装有闸板,可控制加工原料的流量。根据加工原料的不同,盛料斗有两种安装方法。在粉碎小麦、玉米等粮食作物时,盛料斗按图 37(a)方式安装,用调节闸板开度的方法

控制流量；当粉碎豆饼、山芋藤等流动性较差的饲料时，可将
闸板关闭打开挂钩，将盛料斗的一侧向左翻转，用手推动被加
工物进行送料。如图37(b)，所示料斗座及进料管用灰铸铁制
成，并用螺钉固定在盖板上。进料部分用来储备和输送物料，
控制物料流量和通风散热。

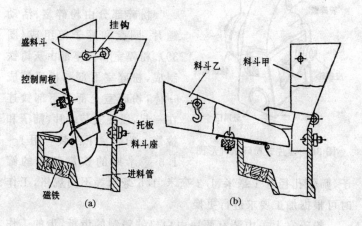

图 37　粉碎机的进料部分

出料部分位于粉碎机的下部，由薄铁皮卷成，其断面由长
方形逐渐过渡变小，以便用袋子接粉。

48. 锤片式粉碎机的构造是怎样的?

锤片式粉碎机也是饲料加工机械中使用较多的一种。由
进料、粉碎、输送等部分组成。外形如图38所示。其工作原理
和爪式粉碎机一样，通过高速旋转的锤片，将物料在粉碎室内
反复冲击，使原料逐步粉碎，从筛网漏出。被粉碎的饲料再由
输送风泵送至出料管口或聚料筒装袋。

工作原理如图39所示。

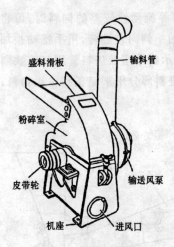

喂入部分由盛料槽及挡板构成。盛料槽由铁皮制成,用来送料。挡板由薄钢板制成,装在进料口,用来控制进料量及防止坚硬物体进入粉碎室。

粉碎部分由粉碎室、活动锤片、圆盘和筛子等组成(图39)。粉碎室和机座都由灰铸铁制成,粉碎室下部与机座铸成一体,粉碎室上部与下部铰连在一起,以便安装锤片、筛子和检修。粉碎室下部装有用1～

图中标注:盛料滑板、输料管、粉碎室、皮带轮、输送风泵、机座、进风口

图38　锤片式粉碎机外形图

1.5毫米厚的铁皮制成的筛子,筛子孔径有1毫米、1.2毫米、1.5毫米等不同规格,工作时可根据加工要求进行更换。

粉碎室上盖内装有两块由白口铁铸制的齿板,齿的工作面与锤片的切向速度垂直,以便使饲料颗粒能垂直地与齿板工作面相碰撞,增加饲料的反射作用,加大锤片对饲料的打击力,有利于粉碎饲料。饲料机锤片可用20号钢制造,锤片两头经掺碳淬火处理,以提高硬度,增加使用寿命。由于锤片制成对称式,因此在一端棱角磨损后,可换另一端使用。

锤片装在圆盘的销轴上,锤片及圆盘数量的多少与功率消耗和生产率有关,锤片越多,功率消耗越大,生产率也相应提高。其配置方法应能保证转子的静平衡并使锤片能均匀打击饲料。为保持锤片在每排上的位置不变,在锤片旁都装有间管,在安装时应按规定进行,不能随意乱装。圆盘用钢板制成,圆盘间距离用定位套固定,并用键和正反螺母固定在主轴上。

主轴中间由轴承支撑,一端装着皮带轮,另一端装着输送风泵的叶片。

主轴、圆盘、定位套、间管及销轴装在一起,组成转盘后必须进行静平衡试验,再选用重量相同的锤片安装。锤片相互间的重量差,应不超过其本身重量的 7%,否则将影响转盘的平衡,引起机器振动,加速轴承磨损。

输送部分由离心风泵及输送管组成(参看图 39,图 40)。

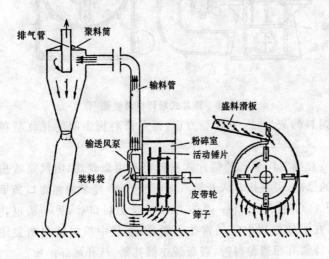

图 39　锤片式粉碎机工作原理图

风泵外壳及叶轮均用灰铸铁制成。叶轮是整体式的,共有 6 片叶片,通过键及螺母固定在主轴上。主轴转动时带动叶片一起转动,风泵的吸风口便将通过筛网的料吹送至聚料筒。

出料部分可用聚料筒经出料口装袋。聚料筒由铁皮制成,上部为圆柱体,下部为圆锥体。筒的上部中间有 1 根排气管,下部为出料口(参看图 39),被气流送来的饲料,沿着锥形筒壁逐渐沉积到筒底,从出料口落到口袋里;分离后的气流和轻

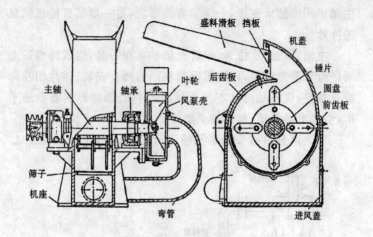

图 40 锤片式粉碎机总装图

于饲料的灰尘，因为离心力小，而从聚料桶中间的排气管排出。

有些工厂生产的锤片式粉碎机不用聚料筒，由风泵吹出来的饲料，可直接装入长约 5 米，直径 160 厘米的粗布口袋里（图 41）。使用时，将一头扎结在风泵出粉口处，另一头也扎紧，在工作过程中应经常拍打粉袋，使袋中粉料挤向布袋尾部，待储有相当粉料时，将布袋中部扎紧，打开尾部出粉。

49. 劲锤式粉碎机的构造是怎样的？

劲锤式粉碎机由盛料斗、粉碎室、输送风泵等组成（图 42）。其工作原理与上述粉碎机相同。

粉碎室由灰铸铁铸成圆形中孔的壳体（图 43），壳体的一侧有轴承座（与壳体铸成一体），用来安装传动轴；粉碎机输送风泵的叶轮及粉碎室的劲锤都装在此传动轴上，由动力带动

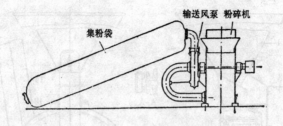

图41 集粉布袋

工作。粉碎室的另一侧铰连着
1块由灰铸铁制成的盖板,通
过压紧手轮压紧在粉碎室上,
检修或更换筛网时,可将盖板
打开。盖板的中间开有一孔,进
料管即固定在该孔处。粉碎室
上部固定着由铁皮制成的盛料
斗,斗的一部分与进料管相连。
粉碎室下部铸成平底机座,可
用底脚螺钉将基座固定。碎粉
室内有两块齿盘,分别固定在
粉碎室侧壁与盖板上。

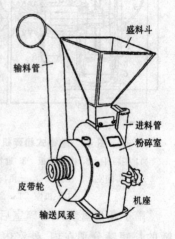

图42 劲锤式粉碎机外形图

劲锤是粉碎机的主要工作
部件,由灰铸铁制成,头部经冷硬处理,以增强其耐磨性。劲锤
制成对称配置的长锤和短锤两种,用键和固定螺母固定在传
动轴上,这样拆装方便。

筛子的构造与齿爪式粉碎机相同,是由6块筛网固定在
筛圈中组成的,安装在粉碎室中(图44)。筛网有不同规格的
筛孔,可根据需要更换。

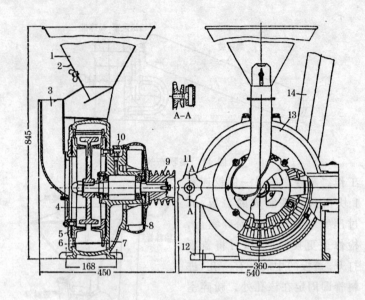

图 43　劲锤式粉碎机总装图 （单位：毫米）

1. 盛料斗　2. 控制闸板　3. 进料管　4. 劲锤　5. 齿盘　6. 筛网

7. 粉碎室　8. 风泵　9. 三角皮带轮　10. 油杯　11. 压紧手轮

12. 机座　13. 盖板　14. 输料管

　　筛子及齿盘装入粉碎室后，将粉碎室分成内、外两室，劲锤的长短锤分别在内、外室内工作（图44），当物料自盛料斗进入粉碎室后，首先在内粉碎室遭到短锤的冲击和齿盘内圈齿碰撞，摩擦进行粗碎，然后进入外粉碎室再经长锤冲击进一步粉碎，由筛网漏出，再由风泵吹送至聚料筒或聚料袋。

　　盛料斗的结构与其他机型略有不同（图45），在加工颗粒物料时，这种盛料斗可借风力将物料带入进料管，而较重的铁、石等物因重量大，便落在具有一定坡度的盛料斗底板上而滑出机外，以保证粉碎机能安全工作。

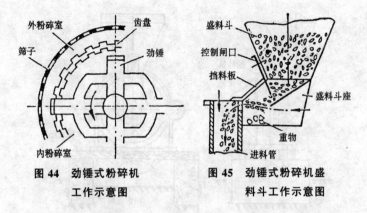

图 44 劲锤式粉碎机 　　图 45 劲锤式粉碎机盛
工作示意图 　　　料斗工作示意图

50. 怎样正确安装粉碎机？

粉碎机的安装可根据需要确定,如有固定的加工房间不
需移动,粉碎机最好安装在水泥基座上。如磨粉机是由下部出
料,则基座应高出地面(图46),如是用输送风泵出料,则基座
应与地面相平(图47)。机座的尺寸与粉碎机所需功率大小有
关,大功率的粉碎机机座尺寸较大,小功率的粉碎机机座尺寸
应相应减小。

如粉碎机的工作地点经常移动,可把粉碎机和动力机安
装在同一机座上(图48)。为便于用户加工粮食或饲料,还可
将粉碎机装到拖车上或农用车上,用拖拉机带动巡回加工。如
果没有合适的单用动力机,粉碎机又需与其他加工机械联合
或交替使用同一动力机的,需加用中间传动轴(图49)。

51. 粉碎机怎样正确选配动力机皮带轮？

粉碎机工作前,应先根据出厂铭牌所规定的功率大小选
择动力机。无论使用电动机或柴油机,其功率应等于或略大于

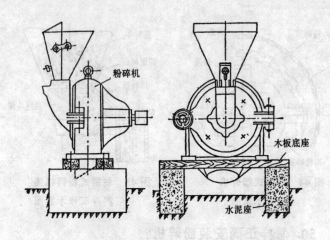

图 46　粉碎机在水泥基座上的安装

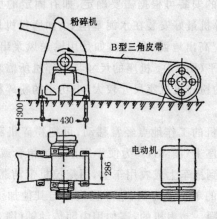

图 47　粉碎机在地面基座上的安装 （单位:毫米）

铭牌所规定的数值,才能保证粉碎机正常工作。

　　动力机选好后,还应根据铭牌的规定,选配动力机的皮带轮,以保证粉碎机铭牌上所规定的额定转速。粉碎机旋转速度

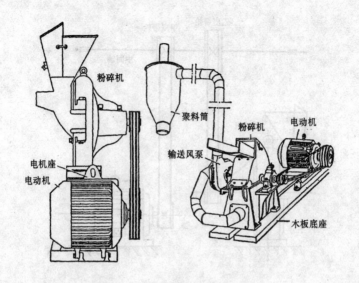

图 48　粉碎机和动力机同机座安装

是影响粉碎性能的主要因素之一。转速过高，机器振动大，轴承容易发热损坏；转速过低，粉碎质量达不到要求，生产率也相应降低。粉碎机出厂时都配有平皮带轮，因此只要选配好动力机皮带轮，就可保证粉碎机的转速。

用动力机直接带动的粉碎机，其皮带轮直径的计算如下式(皮带打滑略去不计)：

$$动力机皮带轮直径(毫米) = \frac{粉碎机皮带轮直径(毫米) \times 粉碎机转速(转/分)}{动力机转速(转/分)}$$

如粉碎机是间接传动(参看图 49)，则靠变换中间轴皮带轮来保证(也可更换动力机皮带轮)。计算公式如下：

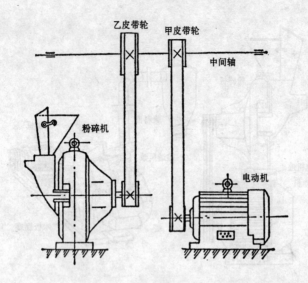

图 49 粉碎机间接传动图

$$\frac{\text{乙皮带轮}}{\text{甲皮带轮}} = \frac{\text{粉碎机皮带}}{\text{动力机皮带}} \times \frac{\text{粉碎机}}{\text{动力机}}$$

式中甲、乙两皮带轮直径都是未知数，因此需先选用一个皮带轮的直径，就可求出另一个。如先假定甲皮带轮直径已经选出，代入上式便可求出乙皮带轮的直径。计算公式如下：

$$\frac{\text{乙皮带轮}}{\text{直径（毫米）}} = \frac{\text{粉碎机皮带} \times \text{粉碎机} \times \text{甲皮带轮}}{\text{动力机皮带} \times \text{动力机转速} \times \text{直径（毫米）}}$$

采用平皮带传动两轴间的距离应不小于 3.5 米，以增加平皮带与小皮带轮之间的包角，防止打滑而影响粉碎机的转速。

52. 粉碎机的安装检查和试运转应注意哪些事项？

粉碎机安装检查有以下几个方面（包括新安装及定期检查的机器）：

第一，检查零件的完整情况及紧固情况，特别是齿爪、锤片等高转速的工作零部件的固定必须可靠。

第二，检查粉碎机在基座上固定的情况，要求必须牢固可靠。

第三，检查轴承内的润滑脂，如发现润滑脂硬化变质，应用清洁的柴油或煤油清洗干净，按说明书规定更换新的润滑脂。由于粉碎机转速很高，主轴转速一般都在 3 000 转/分以上，若无说明书可查，应使用标准较高、质量好的润滑脂，如石油部标 1 号钠基润滑脂，也可使用 3 号或 4 号钙基润滑脂。

第四，打开粉碎室盖板（或上盖），检查粉碎室内有无其他杂物，然后将盖板盖紧，用手转动皮带轮，转子应能灵活转动。

第五，上述检查完毕，一切正常，即可进行空车试运转，进一步观察安装的正确性。空车运转前，应检查动力机转动方向是否符合粉碎机的要求（齿爪式粉碎机可以正反两个方向工作，锤片式粉碎机及劲锤式粉碎机只能向一个方向转动，在使用时应注意），开车后，粉碎机附近暂勿站人，待空转确无问题后方可接近。动力机的控制手柄，如电动机的电源开关，柴油机的油门或离合器操纵杆等，最好装在靠近作业人员的地方，便于在发生故障时及时切断动力。

第六，空车运转 5～10 分钟，再停车检查 1 次各部分的情况，如各部分都处于完好的技术状态，即可将粮食或饲料装入盛料斗,扎牢聚料袋正式工作。新粉碎机在初次加工粮食之前,可先加工一部分干草或细沙等物,以清除机器工作部分的防锈油或污物。

53. 粉碎机怎样正确调整?

(1)喂入量的调整 在盛料斗的下面都有 1 块闸板或挡板,在加工小麦、玉米等粮食作物时,用调节闸板的方法控制喂入量,使喂入均匀。如加工豆饼、山芋藤等饲料时,为便于入料和粉碎,豆饼必须先破碎成小块(最大尺寸以 40 毫米以内为宜);山芋藤最好预先切成长度为 150 毫米左右的小段,如粉碎新山芋,必须先切成块,并加注足量的水(粉碎新鲜山芋,齿爪式粉碎机较合适,不需改装)。此时需用手推动送料,但一定要均匀推送,防止粉碎机超负荷运行,影响其粉碎质量。

(2)粉碎粒度的调整 粉碎粒度的粗细靠更换筛网来保证。一般粉碎机都有孔径不同的 2~3 种筛网(如齿爪式粉碎机有孔径分别为 0.6 毫米、1.2 毫米及 3.5 毫米的筛网),使用时可根据所加工饲料的粒度要求更换筛网。

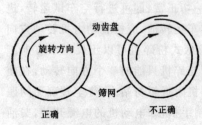

正确 　不正确

图 50 筛网接头的搭接方式

在安装筛子时,应当注意必须根据转子的旋转方向,正确选择筛网接头处的搭接方式(如图 50),防止饲料在搭接处卡住。

在更换筛子时还应当注意,有些筛网的筛孔是锥形的(即有大小头),在更换筛网时,要使孔大的一面向外,如图 51。这样容易出料(孔小的一面通常带有少量毛刺)。

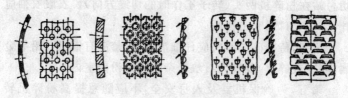

圆孔筛　　　　圆锥孔筛　　　　椭圆孔鱼鳞筛　　　　长方孔鱼鳞筛

图 51　粉碎机筛孔的形式

装有风泵的粉碎机在调整粉碎粒度时，还可用调节风门的大小来控制。如成品太粗，可将风门开大，则由粉碎室进入的风量就小，可提高粉碎细度。

使用聚粉袋装粉时，当袋内聚粉达到 1/3 袋时，应立即取粉，以免使温度上升，产量下降。取粉后应拍打布袋，增加透气性。

54. 粉碎机怎样保养和注意哪些安全事项？

第一，每天工作结束后应清扫机器，检查各部位螺钉有无松动及齿爪、筛子等易损件的磨损情况。

第二，轴承润滑的方法各种粉碎机不尽相同，最常用的是在轴承上装有盖式油杯。在一般情况下，只要每隔 2 小时将油杯盖旋转 1/4 圈，将杯内润滑脂压入轴承内，已经够用。如是封闭式轴承，可每隔 300 小时加注 1 次润滑脂。经过长期使用，润滑脂如有变质，应将轴承清洗干净，换用新润滑脂。

机器工作时，轴承升温不得超过 40℃（手已放不上去）。如在正常工作条件下，轴承温度继续增高，则应找出原因，设法排除故障。

第三，传动带应有防护设备，操作者应站在加料口一侧，切忌站在粉碎机两头(转子工作时的切线方向)。衣服衣袖应扎紧,戴上口罩和工作帽。

第四,待粉碎的原料应仔细清选,严禁混有铜、铁、铅等金属零件(或碎块)及较大石块等杂物进入粉碎室内。

第五,为确保机器及人身安全,不应随意提高粉碎机转速。一般允许与额定转速相差8%～10%。当粉碎机与较大动力机配套工作时,应注意控制流量,并使流量均匀,不要忽快忽慢。

第六,准备工作没做好,禁止开车工作。机器开动后,操作者不得离开工作岗位,不准拆看或检查机器内部任何部位。各种工具不要随意乱放在机器上。听到不正常声音应立即停车,等车停稳后再检修。

55. 粉碎机常见故障的原因是什么? 怎样排除?

(1)不粉碎或粉碎效率低　发生故障的原因:转速过低;筛子规格不符;齿爪、锤片磨损;原料太潮湿。

故障排除方法:保证额定转速;更换不合适的筛子;更换磨损的齿爪、锤片;原料要干燥。

(2)齿爪、锤片或劲锤损坏　发生故障的原因:原料中夹杂有金属碎块或石块。

故障排除方法:更换损坏的零件后,清选好原料再工作。

(3)轴承温度高　发生故障的原因:润滑油脂质量不好,加注量过多或过少;轴承质量不好或损坏,游动间隙不当;转速过高。

故障排除方法:保证加注适量的合格润滑油脂;更换轴承或调整游动间隙,保证额定转速。

(4)粒度不适当或不均匀　发生故障的原因:筛子规格不

对;筛子磨损或筛圈不平行;风门关闭。

故障排除方法:使用合适的筛子;调整筛圈;开大风门。

(5)机器严重震动有杂音　发生故障的原因:机座不稳固;地脚螺栓松动;粉碎机安装不平;主轴弯曲或转子失去平衡;机器转速过高;轴承内有脏物或损坏。

故障排除方法:稳定机座;拧紧地脚螺栓;调整粉碎机安装,使之保持平衡;修理或更换主轴,平衡转子;保证额定转速,清洗或更换轴承。

56. 粉碎机的维修工作有哪些?

(1)更换粉碎齿、锤片及劲锤　粉碎齿及锤片是粉碎机中易磨损的零件,也是影响粉碎质量及生产率的主要零件,粉碎齿及锤片磨损后应及时更换,其磨损极限及更换标准,多是根据加工量来确定的。根据试验,在正常使用情况下,齿爪式粉碎机的扁齿约粉碎物料 150 吨、圆齿约粉碎物料 250 吨、大小固定齿盘约粉碎物料 250 吨就需更换。

齿爪式粉碎机换齿时,需先将圆盘拉出,因固定扁齿和圆齿的螺母都在圆盘的背面,因此在用钩形扳手旋下圆螺母后(旋螺母前应先打开螺母锁片),便可用专用拉子(也叫拨子或拆卸器)将圆盘拉出(图52)。

换齿时,一定要加弹簧垫圈,再将螺母旋紧。为了保持转子的平衡,在换齿时,最好是成套地更换扁齿或圆齿。在同一台粉碎机上,单个扁齿的重量差应不大于 1~1.5 克,圆齿的重量也应适当控制。

锤片式粉碎机的锤片可根据棱角磨圆的情况调换使用,每个锤片有 4 个棱角,因此可调换用 4 次。在换用新锤片时,应全部更换,以保证转子的平衡。每组锤片中单个重量差不得

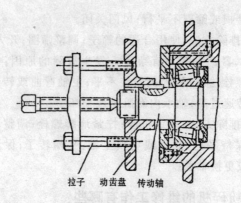

拉子　动齿盘　传动轴

图 52　转子拆卸专用拉子

超过 5 克。此外,固定锤片的销轴及安装销轴的圆孔,在工作中会逐渐磨损,销轴磨细,圆孔磨大,当销轴直径比原尺寸缩小 1 毫米,圆盘上的圆孔较原尺寸磨大 1 毫米时,即应更换或修理。

劲锤式粉碎机更换劲锤时只要松去固定螺母,用拉子拉下劲锤即可。

(2)筛网的修理和更换　筛子的正常使用寿命与经常加工的原料有关,部分损坏时可采用铆补的方法修复,若磨损严重或全部损坏,需要更换新筛。

(3)轴承更换　粉碎机多使用圆锥滚子轴承(也有使用球轴承的),经长期使用,轴承逐渐磨损,所以需要更换。现以齿爪式粉碎机为例,说明轴承的拆卸及安装步骤(图53)。

拆卸轴承步骤:①用钩形扳手(月牙扳手)旋下圆螺母。②拆下皮带轮旁的钢丝挡圈。③用拉子拆下动齿盘及皮带轮。④松下内、外端盖的螺钉,取下内外端盖。⑤取出主轴及轴承外圈。⑥从主轴上卸下轴承的内圈、油封和防尘圈。⑦

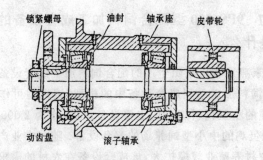

锁紧螺母　油封　轴承座　皮带轮

动齿盘　　滚子轴承

图 53　轴承安装位置图

清除废润滑脂,清洗轴承座。

　　安装轴承步骤:①把油封安装到主轴上,并加注合格适量的润滑脂。②将清洗后的新轴承内圈放在 $80℃\sim90℃$ 的机油中加热,待其膨胀后装到轴上。③将防尘圈装到主轴上。④将左侧轴承的外圈装入机体,并用内端盖压紧。⑤穿入主轴,装上右侧轴承的外圈,用外端盖压紧,并用纸垫调整轴承活动间隙(球轴承无此调整),在正常情况下,轴承轴向间隙为 $0.2\sim0.4$ 毫米。⑥装好转子及皮带轮。⑦用油杯往轴承内加注适量的润滑脂。新轴承加油时,应将油杯加满,连续将油杯盖旋到底数次,使润滑脂充满轴承,在以后正常工作时,只要每隔 2 小时将油杯盖旋转 $1/4$ 圈就行了。

　　为了润滑轴承,在内、外端盖上各有一油槽,安装端盖时,一定要使其油槽与机体轴承座两端的油槽对准安装,不能错开,否则润滑脂便加不进去,会烧坏轴承。

　　使用圆锥滚子轴承,不仅新的要调整活动间隙,旧轴承经使用磨损,活动间隙变大,也需要调整。调整方法是抽去外端盖上的纸垫,直到活动间隙符合标准为止。

57. 9PS-500 型配合饲料加工成套设备的用途、优点是什么？

北京燕京牧机集团生产的配合饲料加工成套设备是中小型配合饲料加工系列成套设备中的机型，该机型可作为年产1 000 吨的小型饲料加工厂主要设备，也可作为2 000 头猪或2 500 只蛋鸡的中小型饲养场的配套设备。随着农业产业化的发展，农村养殖业规模扩大，该成套设备在农村的需求日益增多。

该设备结构简单紧凑，设备一次性投资少；使用经济效益好，维修方便，噪音小，不需要特殊的生产场地。

其主要技术规格和性能指标如下：

①机组外形尺寸　长×宽×高＝2 440×1 600×3 036（毫米）

②配套功率　7.5＋2.2＝9.7 千瓦（两台电机）

③生产率　≥500 千克/小时

④吨电耗　≤7 千瓦

⑤混合均匀年度变异系数　≤8％

⑥机组工作区内噪音　≤85（分贝）

⑦机组工作区内粉尘浓度　≤10 毫克/米^2

⑧成品类型　干粉配合饲料

⑨操作人员　2～3 人。

58. 9PS-500 型饲料加工机组的构造、工作原理和工作过程是怎样的？

该机组由卧入地坑的 9FQ40-20 粉碎机和立式搅拌机、副料喂入机组合而成。9FQ40-20 粉碎机为切向喂料，进料斗下部装有磁铁,用来除去铁杂质,料斗中部装有活门,可控制喂入量。粉碎机主轴上带有风机,粉碎后的物料落入下机体后由风机吹送到搅拌机中。粉碎机与地面之间由主料斗连接。

立式搅拌机工作时,物料由搅龙提升到上部喷洒出来使物料上下循环运动达到混合的目的。副料则由拨轮强制喂入到提升螺旋中。搅拌机与粉碎机之间由输料管连接。风吹物料进入搅拌机后,物料沉降,气流一部分从除尘器排出,另一部分经回风管回到粉碎机下机体作为输送物料的二次补充风(图 54)。

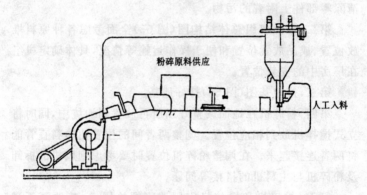

图 54　9PS-500 型饲料加工机组工作过程图

机组运转控制由电控柜完成,控制线路具有短路和继电保护功能。在粉碎机电源线路中接有电流表,工作时可根据电机的额定电流值控制粉碎机喂入料量。

机组生产方式为批量生产,每批加工配合料 250 千克,每小时最少可加工两批。生产时按比例称取一批 250 千克配合饲料中所需的粉碎物和副料添加剂。先将待粉碎物倒入主料斗进行粉碎加工,当待粉碎物还剩余 1/3 时,启动搅拌机,将副料及添加剂倒入副料喂入装置,进行混合加工。当粉碎物全部进入搅拌机后,停止粉碎机工作,同时计时 3～4 分钟。3～4 分钟后搅拌机卸料,机组完成一个工作循环,生产出一批(250 千克)配合饲料,重新启动粉碎机,开始第二个工作循环。

59. 9PS-500 型饲料加工机组怎样合理安装和使用?

(1)安　装

第一,机组散装出厂,安装前按发货清单检查机件数量,清除零部件上附着的污物。

第二,参照机组总体结构图(图 55)全面考虑各种原料堆放位置、成品放置位置和便于操作运输等情况,具体确定机组在厂房中的安装位置。

第三,按地基图(图 56)打好地基。

第四,粉碎机在地面调整好以后再放置到地坑中,同时将立式搅拌机放到相应位置。调整两者间的位置使输料直管能将两者连接起来。在调整粉碎机位置时要考虑到风机的拆卸及粉碎机与主料机的搭接等问题。

第五,粉碎机和搅拌机应用地脚螺栓固定,若地面不平整,则须将其垫平,再用地脚螺栓固定。

第六,除尘布袋应扎紧在除尘器上,防止漏灰。输料管各接口应加装海绵垫片。

第七,按照电控线路图将粉碎机电机和搅拌机电机接入电控柜线路中,连接导线及铺设方法均应符合国家有关标准,电控柜及电机外壳应可靠接地(图 57)。

第八,按照地基图的有关尺寸用 35～40 毫米厚的木板制作地坑盖板。地坑顶部除料斗部分外,其余均应用盖板封严。

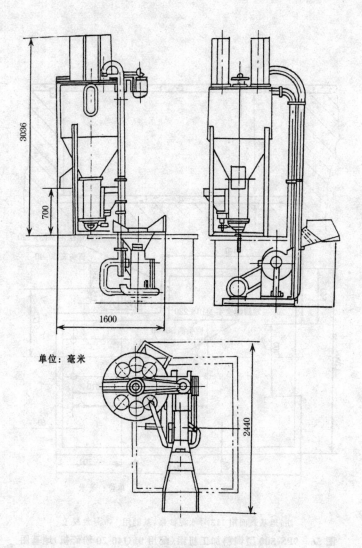

3036

700

1600

单位：毫米

2440

图 55　9PS-500型饲料加工机组整体结构图

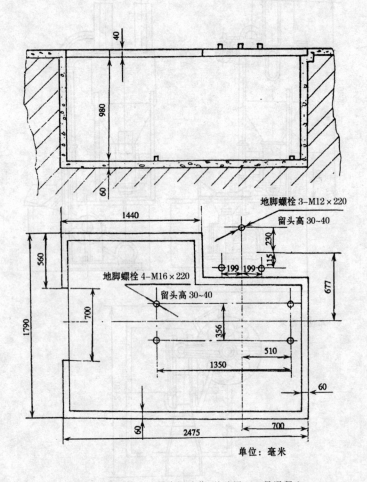

单位：毫米

注：地基表面用113号水泥沙浆，基础用150号混凝土

图56　9PS-500型饲料加工机组（配用9FQ40-20粉碎机）地基图

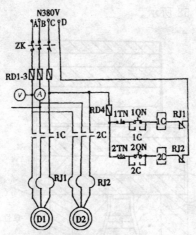

加工机组电气线路图

12	ZK	组合开关	1	▭10-15		
11	1TN、2TN、1QN、2QN	按钮	4	LA10-	500V5A	红、绿色
10	A	电流表	1	1T1-A	50A	
9	V	电压表	1	1T1-V	450A	
8	RD4	螺旋式熔断器	1	RL1-15	熔体电流5A	
7	RD1-3	螺旋式熔断器	3	RL1-60	熔体电流90A	
6	2C	交流接触器	1	CJ10-10	220V	
5	1C	交流接触器	1	CJ10-10	220V	
4	RJ2	热继电器	1	JR16-60/30	热元件13#	
3	RJ1	热继电器	1	JR16-20/30	热元件8#	
2	D2	粉碎机电机	1	Y132M-4-B3	7.5kW	
1	D1	搅拌机电机	1	Y112M-6-B3	2.2kW	
序号	代 号	名 称	数量	型 号	规 格	备 注
		9PS-500型加工机组零部件明细表				

注:此表是上图的说明附表,如图内代号 D1 即是表内序号 1 的搅拌机电机

图 57 9PS-500 型饲料加工机组电气线路图

地坑盖板如图 58 所示。

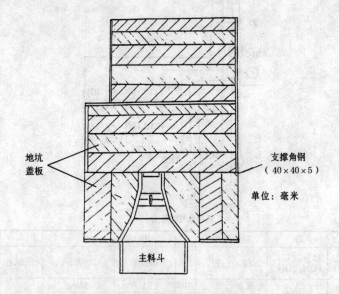

地坑
盖板

支撑角钢
（40×40×5）

单位：毫米

主料斗

图 58　9PS-500 型饲料加工机组地坑盖板示意图

（2）调　试

第一，检查各三角传动带的张紧情况，用手指按压皮带（力量适中），皮带以具有 20～30 毫米的垂度为宜。

第二，用手转动粉碎机转子和搅拌机主轴，检查是否有卡碰现象，若转动部件灵活，则可开机运转。

第三，开车试运转，检查粉碎机和搅拌机的旋转方向是否正确。两主机的旋转方向必须与图 59 所示方向一致，否则容易造成机器损坏事故。若旋转方向不对，调换电动机电源接线的任意两根导线的接头位置即可。

第四，空车运转半个小时后，往主料斗中倾倒 1 袋玉米，慢慢拉开活门，检验粉碎机和搅拌机的工作性能；检查输料

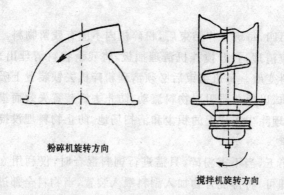

粉碎机旋转方向

搅拌机旋转方向

图 59　9PS-500 型饲料加工机组粉碎机和搅拌机旋转方向图

管、搅拌机上盖等各种连接部位有无跑粉现象。从搅拌机锥筒部位的观察孔观察搅拌机内物料的流动情况,在正常情况下应可看出物料有从上至下的运动情况。若无运动现象则表明搅拌机内物料运动不畅,将影响混合均匀度。此时,应停车检查搅拌机内两拨料杆是否在正常位置。如果搅拌机锥筒内壁粗糙引起物料流动不畅,可使物料在搅拌机内磨合一段时间,使其光滑,即可解决问题。

(3)使用方法

第一,机组正式工作前,操作人员应仔细阅读使用说明书,熟悉全套设备的基本构造、性能和工作原理。

第二,每班工作前,应检查机器是否正常,粉碎机内应无存料和异物,然后,空车运转 2~3 分钟,再检查粉碎机和搅拌机旋转方向是否正确,有无卡碰现象,待检查无误后方可加料。操作时,按工艺流程中所述方法和顺序进行,注意先启动粉碎机后加料。

第三,粉碎机工作时,其喂入量由调节插板控制,喂料口的开度以电控柜上电流表的指针不超过电动机额定电流值为准。

第四，每班工作结束后，粉碎机内不应有残留物料。搅拌机也应清理，打开搅拌机清理插板，将残余物料清理出来，防止物料变质。每班结束后必须清理粉碎机去铁装置上吸附的铁杂质，以免杂质阻碍物料流动，防止去铁装置失效而损坏设备。清理除尘布袋上的积尘和清扫场地，防止物料埋没搅拌机下轴承。

第五，当不需粉碎，只需进行饲料混合时，仅利用立式搅拌机即可。将待混合物加入副料喂入装置，当物料全部进入搅拌机后，计时 3～4 分钟即可卸料，注意控制每批料不超过250 千克；当只需进行粉碎加工时，也可使用该机组，粉碎后的物料由风机吹入搅拌机中，搅拌机作沉降室用，每粉碎 3～4 袋料卸料 1 次即可。

(4)安全生产注意事项

第一，生产操作人员应固定。操作人员必须熟悉全套设备的基本结构和工作原理。

第二，电器设备及导线必须绝缘良好，导线铺设要合理、安全。各电机及电控柜外壳应重复接地，维修电器设备时必须由电工或专门人员进行。

第三，设备运转时，操作人员不得离开工作岗位，应随时观察机组工作情况。当粉碎机或搅拌机出现异常情况时应立即停车，同时关闭粉碎机喂料插门，检查原因。

第四，每工作 1 个月左右应检查粉碎机转子磨损情况，如发现销轴、锤片和开口销有裂纹出现或磨损严重应立即更换，以免损坏机器和发生人身伤害事故。

第五，无论是待粉碎原料还是副料中，均不应有绳头等长纤维状杂物，如发现搅拌机轮或副料喂入拨轮被绳头缠住，须停机清理。

第六，每班工作结束后，应切断电源总闸和电控柜总闸，更换、调整传动皮带，清理机器中残留物料。维修粉碎机、搅拌机时，必须在确认上述两道总闸已切断电源的情况下方可进行。

(5)保养和维修

第一，粉碎机、搅拌机和拨轮轴轴承每工作 500 小时应清

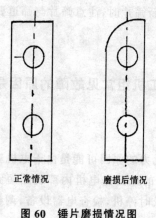

正常情况　　　　磨损后情况

图 60　锤片磨损情况图

洗 1 次，更换新的润滑脂。

第二，应经常保持电控柜内外部清洁，防止电器失灵。

第三，粉碎机每使用150～200 小时应打开上机体检查粉碎机转子锤片、筛片磨损情况，

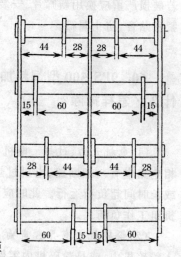

图 61　锤片排列顺序示意图

注：图中数字为锤片安装距离，
　　也是间管长度，单位为毫米

当锤片的 1 个棱角磨损到超过锤片宽度中心线时（图 60），应调换使用。4 个棱角全磨损后，应换装新锤片。锤片更换注意事项可参看本书第五十六问更换锤片方法。特别需要提出注

意的是:调换锤片棱角时,每个锤片原来在销轴上的位置不得改变。换装新锤片时,必须严格按照图 61 锤片排列示意图上的位置进行。销轴视磨损情况酌情更换。

第四,粉碎机风机壳体、叶片长期使用后,有可能磨损出现孔洞。若磨损不严重,可以修补叶片或壳体上的孔洞。但修补后的叶轮应重新进行静平衡检验。

第五,粉碎机筛片破损不严重时,可以从底面进行修补;若破损严重应换用新筛片。安装新筛片时,注意筛片与筛道要紧密贴合,防止漏筛。

60. 9PS-500 型饲料加工机组常见故障的原因是什么? 怎样排除?

(1)电机无力、过热　电机无力的原因可能是由于电机三相电路中有一相断路;电机过热的原因是电机内部线路短路或长时间超负荷运行。此时应及时停机,检查电器设备,调整机组工作负荷。

(2)粉碎机内有异常声响　一般原因是有较大块硬物进入粉碎机内,或是粉碎机内零件脱落在粉碎室内。发现这种情况后应立即停机,检查粉碎室内情况。

(3)粉碎机强烈震动,噪音大　发生这种情况的原因可能有以下几种:锤片排列不对,应对照锤片排列图重新安装锤片;个别锤片卡在销轴中没有甩开;粉碎机轴承座固定螺栓松动或轴承损坏;粉碎机锤片或自带风机叶轮磨损后破坏了转子的平衡,此时应及时更换有关零件。

如果检查均无上述现象出现,其原因可能是粉碎机转子对应销轴上的两组锤片重量差过大,应重新选配对应两组锤片,使其重量差不超过 5 克。

(4)粉碎机喂料口返灰　一般原因是由于喂入量过大,造成粉碎机风机提升能力不够,使筛片和吸料管堵塞。这时应及时停机,清除粉碎机筛片上下腔的积料,疏通吸料管,重新调整粉碎机喂入量。

(5)成品配合料颗粒过粗　一般原因是筛片经磨损或异物打击后出现孔洞造成漏筛,或者是筛片安装不当,与筛道之间贴合不严造成漏筛。排除方法是更换出现孔洞的筛片或重新安装筛片。

(6)搅拌机流动性变差,混合均匀度不够　产生原因可能是搅拌机内破拱板损坏或传动皮带过松,应及时检查破拱板位置,其正常位置如图 62 所示;检查调整传动皮带松紧度。

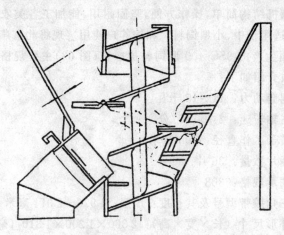

图 62　搅拌机破拱板位置图

(7)机组操作区内粉尘过多　其原因可能是除尘布袋口

未扎紧,输料管各接口、搅拌机上盖等处密封不严造成漏灰。另外,风机壳、输料管弯头和吸料管使用一段时间后也可能磨损,出现孔洞造成漏灰。发现粉尘过多,应及时检查维修上述部位。

61. 锤片式饲料揉搓机的工作原理、用途和特点是什么?

锤片式饲料揉搓机的构造和锤片式饲料粉碎机相似。其工作原理是物料由人工放进喂入口处,在高速旋转锤片的抓取以及气流的作用下进入工作室,被锤片、齿板的相对运动揉搓成散碎饲料,经风扇抛出机体外。

饲料揉搓机能将玉米秸、豆秸等农作物秸秆揉搓成较柔软的散碎饲料,完全能被牛、羊采食。

该机结构简单,操作方便,坚固耐用,能加工各类农作物秸秆,适用于中、小型饲料厂和饲养户使用。现将北京燕京牧机集团生产的 9SC-400 型饲料揉搓机(图 63)主要规格及技术参数介绍如下:

配套动力:11～15 千瓦

主轴转速:2 700 转/分

转子工作直径:400 毫米

锤片数量:36 片

轴承规格:308

三角胶带型号及其长度:B 型,1 976～2 014 毫米

外形尺寸(长×宽×高):2 360×1 200×1 310(毫米)

生产率(干玉米秸):1 000～1 500 千克/小时

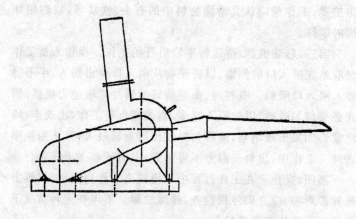

图63 9SC-400型锤片式饲料揉搓机外形示意图

62. 使用 9SC-400 型锤片式饲料揉搓机应注意哪些事项？

（1）安装 ①用螺栓将揉搓机和电机牢固地安装在机座上，调整电机的位置，保证电机皮带轮槽和主机皮带轮槽对正并得到适度的皮带松紧度。将机座连同机器放在平整的水泥地面上。②所有电器设备及线路必须安全可靠。③安装后的机器各运动部件要转动灵活，经空运转无卡碰现象及不正常响声，方可投入使用。

（2）操作规则

第一，操作者事先要熟悉机器的结构和性能。

第二，工作前对机组进行如下检查：检查各部的紧固件，不得有松动；检查锤片磨损程度，确定是否更换；检查开口销有无断裂现象，如有断裂要及时更换；清除机内堵塞物；检查主轴转动是否灵活，应无碰撞和摩擦现象；传动皮带必须装好防护罩;工作前应认真清除物料中的石头、铁块等,以防损坏机内零件。

第三,启动机器,待运转平稳后开始工作。操作人员工作时应站在喂入口的侧面,以防硬物从喂入口弹出伤人,手不得伸入喂入口喂料。喂料时,高速旋转的锤片抓取能力很强,因此必须均匀喂料,以防喂入过多,造成超负荷工作,出现卡、堵现象。如果出现堵塞,应将物料拉出后重新喂入,禁止用铁棒送料。工作中,出料口前方不得站人,以防硬物飞出伤人。

第四,操作者在工作过程中不得脱离工作岗位,若机器出现异常声响,应立即停机检查,排除故障。不得在运转情况下打开上壳体检查调整机器。

第五,工作结束后要切断电源,清扫机器和现场。露天场地应有防雨设施。

(3)调整、保养 ①经常检查锤片磨损情况。锤片使用一段时间后,可根据棱角磨圆的情况调换使用,如4个棱角已全部磨损,需换1组新锤片。锤片换装可参照本书第五十九问9PS-500型饲料加工机组合理使用中的做法。图64为锤片磨损示意图,图65为锤片排列示意图,供换装锤片时参考。 ②每班工作结束后,将机内清理干净,并检查各紧固件是否松动,如有松动随即旋紧。③每工作30小时,两轴承加润滑脂1次。工作300小时后,将轴承油污清洗干净,重新加注润滑脂。④定期检查传动胶带张紧度,及时调整。⑤机器露天使用,应有防雨设施。

63. 锤片式饲料揉搓机常见故障的原因是什么?怎样排除?

(1)电机无力,电机过热 发生故障的原因:三相电机只

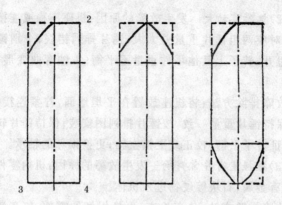

图 64　锤片磨损示意图

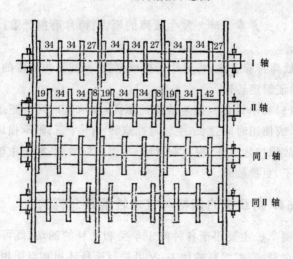

图 65　锤片排列示意图

有两相运转,有一相断路;电机绕组短路;长期超负荷运转。

故障排除方法:保持三相运转;检修电机,排除绕组短路;保持额定负荷工作。

（2）机器震动大　发生故障的原因：机座不稳或连接螺栓松动；对应两组锤片重量差太大；锤片排列错误；个别锤片卡住没甩开；转子上其他零件重量不平衡；主轴弯曲变形；轴承损坏。

故障排除方法：将机座放置在平坦地面，拧紧连接螺栓；调整保持锤片重量一致，按锤片排列图安装；保持锤片转动灵活；保证转子平衡；校正或更换主轴；更换损坏的轴承。

（3）揉搓室有异常声响　发生故障的原因：机内零件损坏脱落；有金属、石块等硬物进入机体。

故障排除方法：停车检查，更换损坏的零件；停车清除硬物。

（4）生产率下降　发生故障的原因：锤片磨损严重；转速太低。

故障排除方法：将锤片调换或更换；调整三角胶带的松紧度，保证额定转速。

（5）轴承过热　发生故障的原因：轴承座内润滑脂过多、过少，或使用时间过长；主轴弯曲或转子不平衡；轴承损坏。

故障排除方法：控制润滑脂量，更换润滑脂；校正主轴，平衡转子，更换轴承。

64. 铡草机的规格和技术性能是怎样的？

铡草机主要用于各种鲜干草类和秸秆的铡切，既可用于牲畜饲草、青贮饲料的加工，又可进行秸秆还田和沤肥用的青杂草的铡切作业，适合饲养户和农户购置使用。农村常用几种铡草机的规格和技术性能如表 6 所示。

表6 铡草机的规格和技术性能

项 目	ZF-Ⅰ型铡草机	9Z-1.0型铡草机	QD-1.0型铡草机	ZP-1型铡草机	ZC-10	9CF-1.0 风送式	ZTY-404型 铡、脱、扬多用	9Z-0.5型铡草机	9ZP-1.6型铡草机
型式	滚筒式	滚筒式	圆盘式	圆盘式	滚筒式	圆盘式	滚筒式	滚筒式	圆盘式
配套动力(千瓦)	4	3	4	4.5	3	3	3	1.1(单相)	3
刀盘(圆盘)直径(毫米)				578	305		305		
主轴转速(转/分)	700~750	775	750	750	775		1020	970	800
动刀片个数	2	2	2	2	2			2	
刀片间隙(毫米)		0.2~0.3	0.3~1	0.5~1.0	0.2~0.3			0.2~0.3	
喂入辊间隙(毫米)				0~65	5~45			0~25	
喂入口宽(毫米)			260	175	200			110	
铡草长度(毫米)	14,17, 46,56	13,26	8,18, 20,60	19.5,33.4, 54.7,85.5	13,26	15,35	15,25	14,24	11,15,20, 26,35
主轴承型号				206 206	206			205	
外形尺寸(长×宽×高)(毫米)	910×600 ×1070	1640×540 ×1024	1650×1950 ×2810	1050×1886 ×2295	1750×600 ×1100	280×980 ×1330	1600×500 ×750	120×30 ×78	1045×694 ×2150

续表 6

项目	ZF-I型铡草机	9Z-1.0型铡草机	QD-1.0型铡草机	ZP-1型铡草机	ZC-10	9CF-1.0 风送式	ZTY-404型 铡、脱、扬多用	9Z-0.5型铡草机	9ZP-1.6型铡草机
重量(千克)	252	158	360	180	190	110	144	40	110
干草(秸秆)加工量(千克/小时)	1100~1500	1000 (谷草)	1000				铡草 600~1100	400	
青饲料加工量(千克/小时)	3000~4000		3000				脱粒 400		
输送高度(米)	6~8		抛送高度 2.95				扬场 1100~1500		
刀片回转直径(毫米)		305							
刀肩旋转直径(毫米)			950						
生产厂家	北京市琉璃河农机厂	河北省香河县农机厂	北京市顺义张各庄农机厂	山东省莱州市农机厂	北京市房山农机厂		河北省宣化市金属结构厂	河北省围场县农机修造厂	河北省廊坊市机械厂

65. 铡草机的构造和工作原理是怎样的？

铡草机按工作部件的形式可分为滚筒式和圆盘式两种。滚筒式铡切工作部件包括固定刀片和活动刀片,固定刀片直接固定于机架上,活动刀片固定于滚筒式刀架上,滚筒装在主轴上,主轴外侧装有皮带轮,滚筒上还装有风扇叶片,整个滚筒装在机壳内。活动刀片与固定刀片之间的间隙可通过调节螺钉进行调整(图66)。

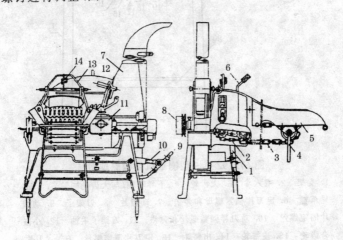

图66　ZF-Ⅱ型铡草机结构图

1.机架　2.传动链　3.喂入链　4.支架　5.喂入槽
6.齿轮箱操纵柄　7.风送管　8.皮带轮　9.电动机支架
10.电动机皮带紧度调节螺母　11.齿轮箱　12.风机上罩盖
13.上喂入辊架　14.压紧弹簧

圆盘式铡切机构包括定刀片、立刀片和动刀片,动刀片装在回转刀臂上。

除去铡切工作部件外,铡草机还由送料喂入机构、动力传动和齿轮变速机构、机架及行走轮等部分组成(图 67)。

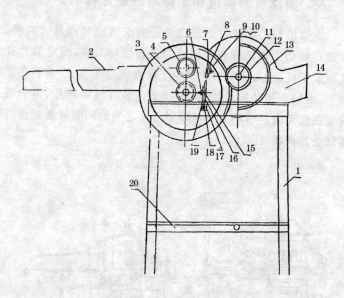

图 67　9Z-0.5 型铡草机结构原理图

1. 支架　2. 喂入斗　3. 大齿轮　4. 下导草辊(与大齿轮同轴)　5. 上导草辊　6. 定刀片锁紧螺母和弹垫　7. 动刀片　8. 刀架子　9. 动刀片固定螺丝　10. 动刀片调整螺丝和弹垫　11. 刀架子主轴　12. 小嵌合齿轮　13. 皮带轮　14. 出料斗　15. 定刀片调整螺丝　16. 定刀片　17. 背母　18. 下调节螺丝　19. 背铁(定刀架)　20. 电机座

送料喂入机构由输送槽、输送链与喂入辊等组成。输送槽固定于左右挡草板上,输送链套装在五角链轮及滑轮上,喂入辊安装在机架上,2 个喂入辊的间隙由弹簧调节,以控制上喂入辊压紧被铡切物料,防止其在被铡切时发生滑动,并起缓冲作用。

传动机构由传动皮带轮、齿轮箱、离合器等组成。9Z-1.0型铡草机采用齿爪式离合器,操纵手柄位于喂入口上方,结构简单,操作灵活、可靠。

QD-1.0 型铡草机行走部分由两个行走轮和两个导向轮组成。

TZY-404 型铡草机综合了各种铡草机的优点,省略了链条输送机构,将铡切工作部件与风机部件合并,因而简化了结构,使整机结构紧凑、严密,提高了工效。它制造容易,维修方便,操作安全,移动方便。

铡草机的工作原理:铡切机构是铡草机的主要工作部件。工作时,将饲草放进入料槽,由输送链将饲草送入上、下喂入辊之间,上喂入辊在自重和弹簧拉力作用下,将饲草压紧并输送到切草口,被铡切工作部件切成碎段,然后碎草在风力和离心力作用下,沿着抛送筒由喷草口吹出机外。根据需要,青贮饲料可直接喷入青贮窖,干草被送入贮存库。

66. 怎样安装、使用和维修 9Z-0.5 型铡草机?

河北省围场满族蒙古族自治县农机修造厂生产的 9Z-0.5 型铡草机是以单相电为动力的小型农户用铡草机。可铡切玉米秸、谷草、稻草、麦秸等饲草。该机结构紧凑,体积小,重量轻,使用方便。电动机(YC90L-2B 型)和铡草机驱动皮带轮之间用 1 根三角皮带传动,在过载时能对电动机和传动部分起安全保护作用。动刀片为可调节斜刃式,刃磨(刀片使用一段后,刃口变钝,可在本机自带的砂轮机上磨刃)和调整都很方便。该机轴和轮之间的安装均采用螺旋丝扣结构,拆装非常方便。该机适用性好,铡草破节率高,切碎性能好,吹抛草距离达 2 米以上,可自动将碎草入库。它是国家专利产品。

该机结构和前面介绍的铡草机构造基本相同。由喂入机构、铡切抛送机构、传动机构及防护装置和机架组成。喂入机构主要由喂入斗、上下喂入辊组成；铡切抛送机构主要由定刀片（直刀片）、动刀片（斜刀片）、滚筒式刀架及风扇叶片等组成；防护装置由大护罩焊合、导草喂入轮护罩、齿轮防护罩、出料口焊合等部件组成；机架由角铁焊合，由腿部和底座两部分组成。

该机工作原理：将要铡切的饲草放在喂入斗上，送入上下喂入辊之间，上下喂入辊将送来的饲草压紧并喂给切刀，由于动、定刀片的相对运动将饲草不断切碎，切碎后的饲草被固定在刀架上的风扇叶片带起的风力吹抛出机外入库。

各种型号的铡草机使用事项基本相同，下面以 9Z-0.5 型铡草机（图 68）为例，介绍铡草机的使用方法。

图 68 9Z-0.5 型铡草机外形图

（1）机器安装 本机可用地脚螺钉紧固，也可放在平整的地面上，机架腿部用较重的东西（如石块等）压牢，即可进行作业。该机的喂入斗是活动安装的，在运输时可以摘掉，作业时将喂入斗支架卡在卡钩上，并把所有的防护罩装好，接好电源。

（2）机器调整 定刀片与动刀片间隙（也叫切割间隙）的调整：先将定刀片固定螺钉拧松，使定刀片成一定的倾角，并使右端不高于下喂入辊外圆的水平切面,调整定刀片下面的螺钉,使定刀片成水平状,且高出过桥5毫米左右,定刀片位置定好后,将固定螺钉拧紧,并将调整螺丝拧紧后锁紧。然后再调整刀片间隙。动、定刀片之间的间隙调整,主要是调整动刀片。在调整时先将动刀片两端固定的螺栓稍拧松,然后调整螺钉,使动刀片向前移动,到定刀片与动刀片刃口间隙为0.2～0.3毫米为止,调好拧紧锁母。

切割间隙的大小,以不碰刃口为原则,小比大好。一般说来,切粗硬干饲草时,间隙要调小些;如切碎青玉米秸,可调大些,大至0.3～0.5毫米;切割稻、麦秸秆时,间隙为0.2毫米以下。切割间隙过大,会增加功率消耗,降低切碎质量,长草增多。实际工作时,如刀片不锋利而发现长草增多,则应磨快刀刃,将切割间隙调小,以保证切碎质量。

电动机皮带松紧要合适,既要保证电动机和皮带的使用寿命,又要防止打滑和增加功率消耗。

(3)机器试车 开车前必须做好以下几项工作:①仔细检查全机各部分的紧固件是否松动,特别是动刀片和定刀片必须固定紧固。如发现松动,应加以紧固,以防发生机器事故。②仔细检查喂入斗及刀架室内有无工具及其他异物,如有应立即清除,以免损坏机件。③转动主轴大皮带轮,检查主轴转动是否灵活,各部是否碰撞,如有不灵活和碰撞现象,应找出原因,排除之。

以上检查符合要求后,即可开车试车,先空运转几分钟,待机器正常运转后,即可投入作业。

(4)机器使用和安全操作 ①机器必须有专人使用和保养,使用人员要认真学习本机使用说明,了解本机结构性能。②作业场地禁止闲杂人员出入行走和小孩玩耍,以防影响作业和造成事故。要有堆放饲草的场地和与喂入斗水平相接的工作面，以便堆放饲草和保证饲草的连续喂入。③要备有清理饲草的工具，将要加工饲草里面的杂物、铁及石块等硬物清理出来，否则进入机器容易损坏刀片或其他机件。④开车后，操作人员的手不准进入喂入室，以防止发生事故。如果喂入口发生堵草现象，应立即拉闸停车，排除故障。在机器开动时，严禁用手推堵塞的草或用木棍、铁棍推堵塞的草，以防将手或手指铡切或被木、铁棍打伤。在农村铡草作业中，发生铡切手或手指的人体损伤事故较多，主要原因有两点：一是使用的铡草机不合技术要求，没有安全设备，致使手被刀片铡伤或被松动甩出的旋转零件打伤；二是不会安全操作，不注意安全事项，造成人身损伤。另外，要注意防火，以防引起火灾。⑤拉开电闸停车后，再进行修理，保养和排除故障不得在机器运转时进行。工作场地不要离电源太近。

　　(5)维修和保养　①作业之前要按规定对各部进行检查调整，达到要求后再进行作业。②动、定刀片应经常保持刃口锋利，否则应及时卸下进行刃磨。主轴两侧205轴承和喂入辊轴两侧203轴承，在安装时已注入润滑脂，每使用1个月后，需将以上4盘轴承拆下，清洗干净，重新上好润滑脂（质量较好的黄油），再安装使用。以后每作业1个月润滑1次。其他旋转部位均有注油孔，使用中要经常加注机油润滑。③经常检查零件是否损坏、严重磨损和松动，特别是工作部件和旋转部件，如发现损坏、严重磨损和松动，应及时更换、修复和紧固，以免造成重大事故。④机器停用时，应擦除表面尘土及脏物，在露天长时间停放，应用雨布盖好，防止机器锈蚀。

　　(6)常见故障、原因及排除方法　①上、下喂入辊间饲草堵塞。其故障原因：喂入量过大；下喂入辊与过桥间塞草和缠草。排除方法：停车后用手倒转主轴大皮带轮，堵草即可倒出；将喂入辊所塞和所缠之草清除干净。②铡切出的草节过长。其故障原因：动、定刀片间隙大；动、定刀片刃口不锋利。排除方法：调整切碎间隙，使其间隙变小；刃磨刀片，保持刀片刃口锋利。

67. 青饲料打浆机的结构与技术性能是怎样的？

青饲料打浆机能将青饲料加工成糊状或浆状，有利于家畜吸收，主要用于养猪。常用青饲料打浆机有加水式打浆机和干式打浆机两种类型。

加水式打浆机也叫盆池式打浆机，主要由装有打浆刀片和挡水片的转子、盆池、轴承座架、机盖、机架和传动装置组成。盆池用钢板焊成，也可用砖、水泥砌成，它是1个椭圆形的池子，沿纵长方向中间设有隔板，把池子分割成浆水可作环形流动的池子。池子有一定的坡度，并设有排水管。打浆机工作时，由于转子高速转动，使浆料环绕隔板作循环流动，每经过1次转子工作区域就受到1次打击和砍切作用，往复多次就打成浆状碎末。

干式打浆机由两个喂入斗、切碎室、打浆室、出料口、机座和传动装置等组成。它的特点是具有切碎和打浆两套装置。在块状或叶类饲料打浆时，从块状饲料喂入斗喂入打浆室，直接打浆。在秆状饲料打浆时，从秆状饲料喂入斗喂入，饲料先进入切碎室，经初切机构切成10毫米长的碎段，然后再进入打浆室打浆。

打浆机主要技术性能如表7，表8。

表7 盆池式打浆机技术性能表

项　目		9DP50-25 型	9DP50-30 型
外形尺寸(长×宽×高)(毫米)		1240×700×610	1380×900×610
重量(千克)		120	130
配套动力(千瓦)		3	5.5
主轴转速(转/分)		2000	2000
转子最大直径(毫米)		500	500
工作室宽度(毫米)		250	300
刀片数量(个)		6	8
刀片偏角(度)		20	20
刀尖离盆底距离(毫米)		30	30
刀片形状		矩形、双面刃	矩形、双面刃
生产率 (千克/小时)	青苜蓿	145～150	240～250
	青杂草	145～150	245～250
	青贮玉米秆	145～150	240～250
	水葫芦	450～500	800～1000
生产率 (千克/度电)	青苜蓿	40～50	40～50
	青杂草	45～50	45～50
	青贮玉米秆	45～50	45～50
	水葫芦	150～160	200～250

表 8 干式打浆机技术性能表

项目	9D-400	9FCQ-39	双江 9D-300	双江 9D-400	华农-73	9D-36
配套动力(千瓦)	3	7	2.8	5.5	2.8	7
转子直径(毫米)	388	390	300	400	380	360
转子转速(转/分)	1500	1800~2080	3000	2300	1600	1440
刀片线速(米/秒)	30.4	38.8	47.1	48.1	31	27.1
刀片数量 动刀	9	动刀 84	长切刀 8	长切刀 12	40	锤片 60
定刀	6		短切刀 8	短切刀 8		滚锤 2
立刀	2		小切刀 8	小切刀 8		
拨料刀	2					
动刀与机壳间隙(毫米)	动定刀 2~3	5~10	6~7	7	10	
外形尺寸(长×宽×高)(毫米)	900×450×820	1100×1050×1100	500×470×944	664×582×1112	770×580×940	1357×1255×1358
机重(千克)	45	185	84	143	105	350
生产率(千克/小时)			青苕子 224 豌豆苗 20	青苕子 483 豌豆苗 498	甘薯蔓 200 水葫芦 1500	500~1000
生产厂家	海南省粮食机械厂	山东省泰安市农机所	陕西省洋县农机厂	陕西省洋县农机厂	华中农学院	山西省农机所

68. 农产品废弃物(非常规饲料资源)利用成套设备的用途与技术经济性能是怎样的?

本成套设备由广州市农机研究所研制,主要用于将各种农产品废弃物经高温、高压快速处理后,可成为安全无毒无菌、饲效良好的商品化饲料,是一种开发饲料资源的新技术设备(图 69)。其主要技术经济性能指标如下:

(1)适用范围 各类农产品废弃物(油料含毒饼粕、屠宰下脚料、死畜、禽畜粪便及其他农畜产品废弃物)加工。

(2)生产能力(吨/小时) 秸秆 0.5,饼粕 1,鸡粪 1,屠宰下脚料 0.5。

(3)产品质量 成品率≥98%,氨基酸损失率≤1%,蛋白质损失率不明显,饼粕脱毒率88%~94%,产品含水率≤13%。

(4)耗电量 小于 29 千瓦/小时。

(5)耗水量 0.25 立方米/小时。

(6)耗煤量(标煤) 小于 0.143 吨/小时。

(7)操作人数 每班 4~5 人。

(8)设备可靠性系数 ≥98%。

(9)安全、环保指标 符合国家法规要求。

五、薯类加工机械

69. 薯类加工技术和加工机械有哪些?

我国薯类主要有马铃薯、甘薯、木薯等。其加工技术基本

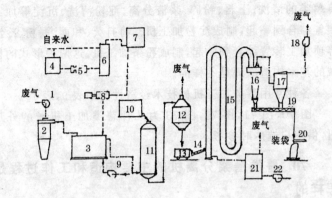

图 69　农产品废弃物利用成套设备工艺流程图

————→ 物料流　— · —→ 气流

— · · · · ·→ 蒸气流　------→ 水流

1. 引风机　2. 除尘器　3. 锅炉　4. 溶盐桶　5. 盐泵　6. 水处理罐
7. 水箱　8. 水泵　9. 鼓风机　10. 贮料池　11. 热喷罐　12. 卸料罐
13. 料车　14. 螺旋输送机　15. 干燥器＊　16. 旋风除尘器　17. 多
管式除尘器　18. 引风机　19. 螺旋输送机　20. 磅秤　21. 燃烧炉
22. 鼓风机

＊干燥器根据物料特性配置

相同,主要有两大项:一是淀粉加工技术,即通过机械的作用,
将鲜薯中的淀粉分离出来,其工序是清理、清洗(去石、去杂、
洗净泥沙)→粉碎→浆渣分离→淀粉洗涤→脱水、烘干→包
装;二是粉制品加工技术,即把淀粉加工成粉条、粉丝等粉制
品,其工序是选粉→打芡→煮芡→和面→漏粉→冷浴→晾晒。

　　根据薯类加工技术要求,薯类加工机械也分两大类:一是
淀粉加工机械;二是粉制品加工机械。目前我国薯类加工机械
大致有两种形式:一是单置式,如薯类清洗机、浆渣分离机、淀
粉烘干机、和面机、粉条机等;另一种是多功能综合加工机械,

将薯类的清洗、上料、粉碎、浆渣分离、淀粉清洗、沉淀等加工装置综合到一起,制成淀粉加工机。将打芡、和面、漏粉、冷浴等项加工装置综合到一起,制成粉条加工机。这两种形式的机械的基本构造原理是一样的。

各种常用薯类加工机械技术经济性能如表 9,表 10。

图 70,图 71,图 72,图 73 为几种薯类加工机械的外形图,供用户选购时参考。

70. 薯类磨浆分离机的主要构造和工作过程是怎样的?

薯类磨浆分离机能一次完成薯类清洗上料、粉碎、浆渣分离和淀粉沉淀 4 道工序。其主要构造分清洗上料、粉碎浆渣分离、淀粉沉淀脱水 3 大部分。

(1)清洗上料部分 清洗上料部分的主要功能是将加工的薯块清理、清洗干净,输送到粉碎喂入口中去。其主要构造由喂入薯斗、搅龙转桶、皮带轮、输送轮、输送链条、输送斗和提升架等部件组成。有的把以上结构单独组成 1 台机器,叫清洗上料机(洗薯机)。

清洗上料部分的工作过程是:用人工将需加工的薯块倒入喂入薯斗中,皮带轮带动搅龙转筒转动,在搅龙转筒中装有推进螺旋和清洗搅拌齿,通过转动将薯斗中的薯块向前推进并搅拌洗净。转筒是用铁棍或扁铁条焊的,中间有很多缝隙,比薯块小的石块等硬杂物,可从缝隙中漏出,保证了下个工序粉碎机的安全,比薯块大的硬杂物就需人工在填料中拣出去。在清洗搅龙转筒的上边悬挂有自来水管放水开关,在工作中长期有水流出,水流大小由清洗程度来控制,以保证洗净为准。

表9 常用马铃薯、甘薯加工机械主要性能表

项目	6Q-500A型土豆磨粉机	6FL-1500型马铃薯磨碎分离机	FFC系列粉碎机	WLL-170型立式薯类过滤磨粉机	6FL-1500型土豆磨碎分离机	SFJ-20型薯类浆渣分离机	SG-360型薯粉分离机	DW-150型磨粉机
外形尺寸(长×宽×高)(毫米)	1750×500×1460	1000×800×1030	230×270×610		1000×800×1000	840×800×1150	1580×1275×580	400×300×600
重量(千克)	200	168	18		100	132	240(代电动机)	25
滚筒转速(转/分)	900~1500			主轴 1600~1900		额定转速 2000	额定转速 1450	2800
过勺机转速(转/分)	600~700				1500			
配套动力(千瓦)	7.5~10	4	0.6~1.1	5.5	4	5.5	4.5	0.5(单相)
生产率(千克/小时)	1000	1500		800~1000		600~800	1500	400
淀粉分离率(%)						>90	>90	
淀粉提取率(%)						>80		
出淀粉率(%)	24	12.5~16.5						
砂轮直径(毫米)						200	磨头直径 360	

续表 9

项目	6Q-500A型土豆磨粉机	6FL-1500型马铃薯磨碎分离机	FFC系列粉碎机	WLL-170型立式薯类过滤磨粉机	6FL-1500型土豆磨碎分离机	SFJ-20型薯类渣分离机	SG-360型薯粉分离机	DW-150型磨粉机
用途	用马铃薯制淀粉	马铃薯、甘薯淀粉加工	可粉碎甘薯、水质大豆	用马铃薯、甘薯制淀粉	用马铃薯、甘薯制淀粉	用甘薯加工淀粉	用马铃薯制淀粉	用于薯类磨制淀粉
特点	采用旋转式过箩机构	1次可完成薯的磨碎与粉渣分离,结构简单,工作可靠,分离效果好、省电	可用于杂粮和饲料加工,还可粉碎中草药	设有搅糊板,分离效果好,旋转式过箩机	结构简单、使用方便、分离筛为敞箩形双层面网	操作维修方便,结构紧凑、体积小,生产率高,可流动作业	自动清洗上料、粉碎和浆渣分离,适合农村使用	户用单相电方便
生产厂家	河北省围场县农机厂	内蒙古乌盟农机所	山东省即墨农机厂	山西省右玉县农机厂	山西省忻州市钢管厂	河北省秦皇岛市卢龙第二机械厂	河北省围场县供盘山镇淀粉设备制造厂	山西省偏关县农机厂

表 10　常用马铃薯、甘薯加工机械主要性能表

项目	6SF-206型薯类制粉机	FL-800型薯类淀粉自动分离机	FL-1500型薯类淀粉自动分离机	6SF-20型淀粉机	6SDZ-1C型薯类淀粉加工成套设备	6SDZ-1C型白薯淀粉加工设备	6SDZ-0.4型白薯淀粉加工设备
外形尺寸(长×宽×高)(毫米)	1900×857×1140	500×700×800	1000×800×1060	750×620×960	4100×760×2400		
重量(千克)	180	85	120	130	900		
主轴转速(转/分)		1800	1700	2000			
配套动力(千瓦)	4	4	5.5	5.5	4.5	4.5	1.1
生产率(千克/小时)	800~1200	400~800	600~1250	750(鲜薯)	1000(鲜薯)	1000(鲜薯)	400(鲜薯)
淀粉分离率(%)	>95	90	90	>92	>98		
淀粉提取率(%)				>65	>72		
生产厂家	山西省临猗县三管农机厂	浙江省嵊县农机厂	浙江省泰顺县农机厂	甘肃省庆阳地区农机二厂	四川省三台烘干机厂	四川省农机试验鉴定站	四川省农机试验鉴定站

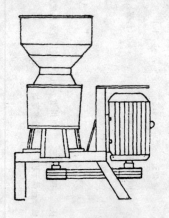

图70 WLL-170型薯类
磨粉机外形图

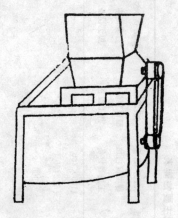

图71 6Q-500A型刮丝式
磨粉机外形图

图72 马铃薯清洗上料机外形图

图73 SG-360型薯粉分离机外形图

没有自来水的地方,可用潜水泵从井中抽水,保证清洗用水。也有的焊1个铁皮水柜放置于比加工机械高的地方,在柜中装满水,保证薯块清洗用水。

将清洗干净的薯块,由搅龙推送到转筒头部的出口,由出口输送到输送链条上的输送斗中,输送链条转动将输送斗中的薯块均匀不断地输送到浆渣分离粉碎机构的料斗中去,进行下道工序的粉碎和浆渣分离工作。

(2)粉碎和浆渣分离部分 该部分是薯类加工机的主要工作部分,可完成粉碎、磨浆、浆渣分离3道工序。主要构造由机体、机盖、料斗、粉碎机构、离心分离机构、出浆口和集渣出口等部件组成。有的地方把上述机构组装到一起,制成单独的机器,叫薯类浆渣分离机或叫薯粉分离机。

①粉碎机构:常用的有锤片式、齿爪式和棘齿式3种。还

有的为了提高出粉率,把粉碎工序分两步完成,先用刀辊把薯块初步粉碎后,再进入砂轮精磨。关于锤片式、齿爪式粉碎机,在前面饲料加工粉碎机中已作了介绍;关于砂轮磨,在前面磨粉机中已作了介绍,这里不再重复。棘齿式粉碎机构也叫挠丝机或刮丝机,这是由1个高速旋转的挠辊(圆辊上或圆盘上布满棘齿,像钢锯条上的锯齿一样),将薯块挠成细丝状,再分离取出淀粉。这种粉碎机构可把薯块拉成丝状,便于浆渣分离。其缺点是出粉率低。

②浆渣分离机构:一般粉碎机都带有分离装置,粉碎和分离同步进行。主要靠和粉碎磨头一起转动的分离筛完成浆渣分离工作。其工作过程是经过清洗干净的鲜薯由输送链送到喂料斗中,被旋转的刀辊切成碎块,与上水管的给水一起进入砂轮磨浆。在砂轮磨的旋转离心作用下,将浆渣甩出到分离筛底部,经水稀释的浆渣,借助于分离筛旋转的离心力,将淀粉浆通过筛网甩出,注入出浆口,薯渣沿分离筛内斜面上移,进入贮渣室,由出渣口排出。

(3)淀粉沉淀脱水装置　淀粉脱水可采用沉淀池、流槽、蝶片式离心机、螺旋分离器、螺旋沉降机、上旋式离心机、卧式刮刀卸料离心机等多种形式的机具。

当前农村中最常用的是流槽和沉淀池。流槽或沉淀池多用砖、石砌成,外用水泥沙灰抹面。每小时加工1~1.5吨鲜薯的加工机械,可配套修建长30~35米、宽0.5米、倾斜度为1:500的长槽或回转槽,让淀粉在流动中沉淀。也可修建1~2个4立方米沉淀池,用作沉淀。但沉淀池不能自动排水,不如流槽使用方便。图74,图75,图76为3种型号的薯粉分离机结构图。图77为与SG-360型薯粉分离机配套使用的淀粉加工沉淀池平面图。

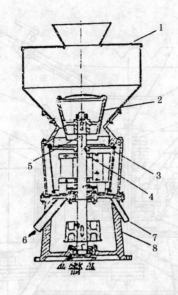

图 74　29 型薯粉分离机结构图

1. 料斗　2. 粉碎辊　3. 分离筛　4. 分离叶片

5. 主轴　6. 出渣口　7. 出浆口　8. 机架

图 76 薯粉分离机动力传动路线：电动机皮带轮(2)→分离箩筛皮带轮(13)→皮带轮(12)→螺旋推进器皮带轮(7)

71．使用 SG-360 型薯粉分离机应注意哪些事项？

薯类磨浆分离机械型号很多,其构造和安装、调整、使用、维修保养等注意事项基本相同,下面就以 SG-360 型薯粉分离机为例,加以说明。

SG-360 型薯粉分离机是河北省围场县棋盘山镇淀粉设备制造厂经多年研制生产出的产品,获得国家专利。该机以马

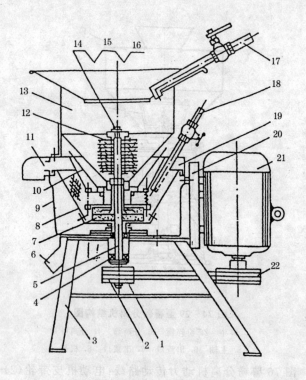

图 75　6SF-20 型薯豆磨浆分离机结构图

1. 皮带轮　2. 三角胶带　3. 机架　4. 轴承　5. 轴　6. 出浆斗　7.
砂轮磨　8. 离心筛　9. 机泵　10. 调整手柄　11. 出渣斗　12. 刀辊
13. 料斗　14. 紧固螺母　15. 垫圈　16. 连接螺母　17. 上进水管
18. 下进水管　19. 机盖　20. 电机架　21. 电动机　22. 电机皮带轮

铃薯加工为主,能一次完成清洗上料、粉碎磨浆、浆渣分离等
多项作业。该机结构紧凑,主要由机架、清洗上料机构、机壳、
薯斗、磨头、皮带轮、箩筛等部件组成(图 76)。该机在我国北
方马铃薯种植区使用较多。

(1)安装注意事项　本机可直接与 4.5 千瓦电动机组装

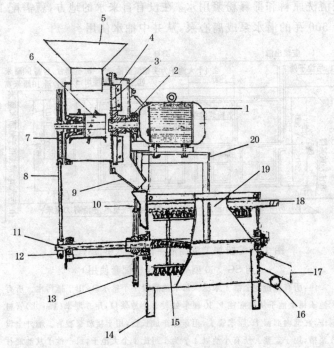

图76 SG-360型薯粉分离机结构图

1. 电动机 2. 电动机皮带轮 3. 上锯条的磨头 4. 固定磨头锯条的
铁片 5. 薯斗 6. 螺旋推进器 7. 螺旋推进器皮带轮 8. 三角胶带
9. 浆渣输出口 10. 三角胶带 11. 分离筛轴 12. 皮带轮 13. 分离
箩筛皮带轮 14. 机架 15. 毛刷 16. 出浆口 17. 出渣口 18. 进
水管接头 19. 分离筛外壳 20. 电动机支架

一体,也可组装传动轴,电动机和柴油机两用。组装电动机一
般由厂方进行,电动机轴需加长,要保证同心度,粉碎磨头安
装在电动机轴上。清洗上料机构可单独使用 1 个 3 千瓦的电
动机,也可增加传动轴和粉碎分离机,同用 1 个 7 千瓦的电动
机。本机需配自来水管道和与管道口径相同的阀门开关,以保

证清洗原料和稀释粉浆用水。在没有自来水的地方，就需配1个500瓦的潜水泵或离心泵，从井中抽水使用。

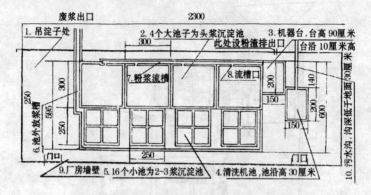

图 77　淀粉加工沉淀池平面图　（单位：厘米）

（与 SG-360 型薯粉分离机配套使用）

　　注：所有淀粉池全部 1 米深。每个池底设 1 个排水口，用于排污水。所有大池子每个池子从池底往上 30 厘米处设 2 个放浆口，用 5 厘米（1.5 寸）管材制作，在池内部留 10 厘米管头，用车床车成长台，用于接放浆胶管。池外全设放浆槽，用于走浆。所有小池以 4 个为 1 组配 1 个大池子，每个池子从池底往上 45 厘米处设 1 个放浆口，用于放 2 浆或 3 浆。所有放浆槽沿高度为 25 厘米。所有大小池子之间都要留伸缩缝以免冻裂

　　（2）调　整

　　①磨头与料斗座间隙的调整：磨头与料斗座的间隙，一般调整控制在 2 毫米为好，间隙过大会出现加工粗，跑薯片现象。此间隙在出厂安装时已固定调好，一般很少调整。如需调整时，可拆开磨头外壳，拧开轴头固定螺丝，将磨头盘拿下来，在磨头盘后面往轴上固定的位置处加不同厚度的垫，即可移动磨头盘的位置，也就改变了与料斗座的间隙。调好后一定要将固定螺母拧紧。

· 140 ·

②放水阀门开量大小的调整：以洗净为准。稀释粉浆的水，一般以控制出浆口满管为好，水量过大会产生淀粉过不净、渣稀等现象。

③粉碎分离机构前后平衡的调整：机器新安装时，由于箩爽，过滤快，会产生渣干现象，需在机器下头（出渣口一头）垫高一点，垫高多少以出渣正常为准，不能垫得太高。加工10吨薯以后去掉加垫物，再把机器上头（加料斗一头）垫高20毫米为好。以后每换1次新箩片时，都需这样做。

④传动皮带的调整：粉碎机和过箩分离机之间的传动皮带松紧度通过两个总成机架结合处加减相应厚度的木垫来调整。清洗上料机构皮带轮同心度调整，可在轴承架座下面加减相应厚度的铁垫进行调整。传动皮带松紧的调整，可调整轴承座上左、右两个调整螺杆，上下移动轴承座的位置即可。

（3）使用注意事项

第一，使用该机器加工地点必须有可供水源和污水排泄通道。在清洗机位置修建1个深3米、长2米、宽1米的水池，下面留10厘米方形放水口，把清洗机安在池内，便于清洗作业。

第二，如用电动机作动力，要求电源电压和电机电压一致；若用柴油机作动力，一定要配好皮带轮，保证额定转速，保证机器固定牢固，传动同心，旋转方向正确。

第三，传动皮带松紧度调整合适后，检查各旋转部件，转动要灵活，没有卡碰现象。检查磨头与料斗座间隙要合适。

第四，加工的薯内要将石块、金属硬物、杂草杂物清理干净。根据粉渣的粗细调整刀片齿尖的长短，粉碎机磨头上刀片（锯条）齿尖以露出磨头1.5毫米为宜。

第五，工作结束时，要继续供水转动1～2分钟，以洗净箩内积渣。

(4)维修保养和安全注意事项

第一,每天工作前要检查各部位螺丝螺母,如有松动应及时拧紧。

第二,工作中要经常检查轴承座,电动机是否过热,如过热应停车检查,找出原因,排除后再行作业。

第三,要保证轴承润滑,经常加注润滑脂。如长时间停用,要将各部擦拭干净,涂油防锈。

第四,在使用中要注意安全,严防石块、金属硬物及杂草等混入原料内。在拆装维修时严防螺丝等硬物掉进薯斗进入磨腔,以免损坏粉碎机构零件。严禁加大主轴转速。

第五,磨头锯条的更换。该机主要工作部件磨头为圆盘状,在圆盘上开有很多弧形槽,将锯条装入弧形槽内(弧形槽锯条装入后,锯条靠弹力牢固安装在槽内,不易掉出),用小螺丝将1个长方形铁片固定在锯条后面的磨头盘上,使锯条不能从后边掉出。使用一段时间后,锯条锯齿尖会磨损,出现渣粗、加工效率降低等现象,就应该更换锯条。更换的方法是:将磨头外壳打开,将磨头盘后面固定锯条的铁片松开,螺丝拿掉,将磨损的锯条取出,再装入新锯条,上好固定铁片,合上磨头外壳。锯条的规格为长250毫米、宽36毫米、厚1毫米,双面锯齿。一面锯齿磨损后可调换另一面再用1次。这种规格的锯条一般商店均有销售,买回后按规定长度截开即可使用。

72. 怎样使用 6SF-20 型薯豆磨浆分离机?

6SF-20 型薯豆磨浆分离机是鲜薯淀粉加工机械,由河北省农机研究所主持,卢龙县农机修造厂协作研制成的部优产品。其主要特点是采用立式旋转辊刀,加砂轮磨及离心式分离机构,一次完成粉碎、磨浆和浆渣分离3道工序。本机由机架、机壳、机盖、料斗、刀辊、砂轮磨、离心筛、电机架等部分组成(图75)。

该机工作时,鲜薯加入料斗,被旋转的刀辊切成碎块,与上水管的给水一起进入砂轮磨浆后,在磨的旋转离心作用下,将渣由圆盘磨一并甩出,直接到分离筛底部,浆渣经下水管给水,进一步稀释,借助于分离筛旋转的离心力,将淀粉浆通过筛网甩出,注入出浆口,薯渣沿分离筛内斜面上移,进入储渣室,由出渣口排出。其优点是生产率高,耗能少,性能稳定,结构紧凑,出粉率高,操作安全方便。

(1)安装 本机可直接与Y132 S-4电动机配套使用,电机架上设有相应螺栓孔。本机与柴油机配套时,必须将本机固定好,选好相应的皮带轮,以保证主轴额定转速。在安装供水水柜或水桶时应与磨浆机有2米落差。落差越大,供水效果越好。

(2)调整 本机有3处需要调整:砂轮间隙;刀辊与料斗的间隙;供水量调整。

①砂轮间隙的调整:通过转动调整手柄调整两砂轮间隙,顺时针转动调整手柄,砂轮间隙增大;反之,间隙变小。调整手柄旋转1周,间隙改变2毫米。

②刀辊与料斗间隙的调整:一般刀辊最下面的刀尖与料斗壁的间隙应保持在7~10毫米,通过刀辊固定位置的高低调整其间隙的大小。其方法是:松开刀辊顶部的紧固螺母,取出开口垫圈,旋动连接螺母,顺时针方向旋转间隙减小;反之,间隙增大。调整完毕后,装上开口垫圈,旋紧紧固螺母。

③供水量调整:通过阀门的开度调整供水量的大小。

(3)使用注意事项

第一,用户根据自己的需要和条件,可建1个或几个沉淀池和放渣槽。

第二，将机具安装好，用电动机作动力时，要检查电源电压与电动机电压是否一致。若用柴油机作动力，一定将机具固定好，配好皮带轮，要保证额定转速。

第三，用手拉动传动胶带，检查所有旋转部件转动是否灵活，有无卡碰和其他异常现象。

第四，调整上、下砂轮片到轻微接触，拉动胶带，根据砂轮的摩擦声音，检查砂轮的平行度，必要时进行调整，最后将砂轮间隙调大，使其脱离接触。

第五，检查刀辊与料斗壁的间隙。

第六，启动电动机，检查刀辊是否按逆时针方向旋转。

第七，为保证淀粉质量，必须将薯块上的泥土清洗干净。加工时，薯块内严禁混入石子、金属物及各种杂草杂物。

第八，喂入薯块要连续均匀，料斗中薯块与刀辊上平面应持平，这时薯块随同料斗中的水一起旋转，这种状况加工效率比较高。如果料斗中薯块堆得过满，薯块不能转动，这样效率反而低。

第九，工作中根据粉渣的粗细调整砂轮间隙，一般间隙以0.2毫米为宜。

第十，根据料斗中水量的多少调整供水量大小，以水面与刀辊上平面持平为宜。工作开始时，如料斗中水不足，薯块旋转不起来，刀辊切削不住，这时要向料中加1盆水，使薯块在水的带动下旋转起来。

第十一，粉渣中游离淀粉含量较多时，要加大下部供水量。粉渣中含水量较多，并且游离淀粉含量比较少时，要减少下部供水量。

第十二，工作结束时，要把砂轮间隙调大些，在机器的运转状态下,继续向机体内供水 1～2 分钟,以清洗砂轮磨和离心筛。

(4)维修保养

第一,每天工作前应检查、紧固各部位的连接螺栓、螺母。

第二,工作过程中和每天工作结束后,应检查轴承座和电动机的温度,轴承座温度超过 20℃时,应打开轴承座进行检查。电动机温度超过其铭牌规定时,应分析原因,并及时予以排除。

第三,加工 2 000 千克鲜薯或发现出渣口出的渣过湿,含淀粉过多时,应拆下刀辊,打开机盖,用酸浆对尼龙筛网进行刷洗。

第四,长时间停用,要将各零部件拆开,擦拭干净,按顺序摆放整齐。待充分干燥后再组装。配合面要涂润滑油脂。

(5)安全注意事项　严禁将石块、金属物及杂草杂物混入加工原料内。检查或拆装时,严禁螺钉、螺母等金属物掉进料斗和进入磨腔,掉入后必须取出,防止打坏砂轮磨片。刀辊的紧固螺母要拧紧。严禁加大主轴转速。工作时不得用手及木棍等物拨动料斗中的薯块,防止造成人身伤亡。

(6)故障产生原因及排除方法

①粉渣太粗:其原因是砂轮间隙太大;砂轮不平行,接触不均匀;进料太多;砂轮磨钝失去锋利;砂轮弹簧失去弹性。

排除方法:调小砂轮间隙;调整砂轮平行度;调小刀辊与料斗间隙,减少进料量;用砂轮整形刀打毛,把砂轮磨锋利;更换失去弹性的弹簧。

②粉渣太细:其原因是砂轮间隙太小;磨腔内进料太少;有棚架堵塞。

排除方法:调大砂轮间隙;调大刀辊与料斗的间隙,增加磨腔进料量;停止供原料,加大上供水量,将棚架堵塞冲开。

③轴承座发烫过热:其原因是轴承座内润滑脂流失或硬化,不起润滑作用;没有轴向间隙;两轴承不同心。

排除方法:检查加注或更换轴承座内润滑脂;在上轴承盖下面加垫,增大轴向间隙;修复或更换不同心的轴承座。

④电动机温度过高:其原因是两砂轮接触太紧,增大了电动机负荷;进料太多,使电动机超负荷;电源电压和电动机要求电压不符。

排除方法:调大砂轮间隙;减少进料量;找出电压不符的原因,及时予以排除。

73. 淀粉烘干机的结构和工作原理是怎样的? 怎样使用和维护?

鲜薯加工成淀粉后为湿淀粉,为便于保管、运输和装袋,必须进行干燥。目前,使用的淀粉烘干机有两种:一种是锅炉热水进行恒温烘干;另一种是热气烘干。利用热气烘干,速度快,节省燃料,投资小,烘干出的淀粉没有污染。但温差变化大,不能保证烘干后的淀粉质量。利用锅炉热水恒温烘干,类似自然干燥,能保持淀粉不变质,具有粘度高、柔性好、无污染的特点,是加工各种淀粉制品、食品的上好原料。利用锅炉热水烘干,可利用取暖用锅炉热水,不用另增热水设备。但这种烘干设备体积大,造价高,效率较低。目前,这两种烘干设备使用都比较广泛。

(1)主要结构和工作原理 以河北省围场县农机研究所研制生产的 5HMDF-300A 型淀粉烘干机为例说明快速气流式烘干机的主要结构和工作原理:主要结构由加热炉、吸风机、绞龙式输送器、输送管、离心式除尘器、电动机及电气开关等组成。其工作原理是高压风机将加热炉的热气连同绞龙式输送器输送来的湿淀粉一起吹入输送管路,进入离心式除尘器(有一级的和二级的两个除尘器),通过除尘器将淀粉中的混杂物除去,将干燥的淀粉沉积到淀粉贮存箱,由出料口流出装袋(图78)。

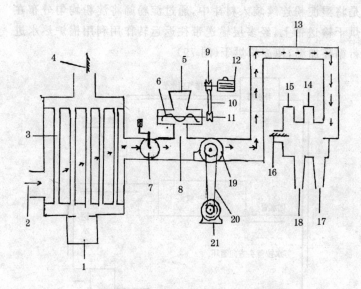

图78　5HMDF-300A型快速气流式烘干机结构示意图

1. 加热炉　2. 进风口　3. 加热管　4. 排烟口　5. 湿淀粉加料斗　6. 绞龙式螺旋输送器　7. 气流控制阀(挡风板)　8. 湿淀粉入口　9. 电动机皮带轮　10. 三角胶带　11. 螺旋输送器皮带轮　12. 带输送器的电动机　13. 烘干输送管　14.15. 一、二级螺旋式除尘器　16. 废气排出口　17. 精淀粉出口　18. 粗淀粉出口　19. 高压风机　20. 三角胶带　21. 带风机的电动机

以河北省围场县棋盘山镇淀粉设备制造厂生产的锅炉热

水恒温烘干机为例,说明热水烘干机的主要结构及工作原理:该机的主要构件有机架、料斗、变速器、输送带、输送辊、锅炉(如有取暖锅炉供热水可省去锅炉)、引风机、循环泵、电动机(需3台电动机:传动齿轮箱1台,循环泵1台,引风机1台)。该机生产效率63千克/小时,额定转速9转/分。其工作原理是将湿淀粉连续装入料斗中,通过淀粉筛将淀粉均匀分布在烘干输送带上,经多层输送带往返运转作用利用锅炉热水进行循环加温,使淀粉烘干(图79)。

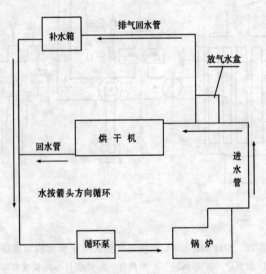

图79 锅炉热水烘干机管路安装图

(2)锅炉热水烘干机的使用调整

第一,使用前应检查电源电压是否与电动机电压相符,按机器旋转方向接好电源接线。

第二,通电后检查各转动部位是否有卡碰现象,输送带是否有走偏现象。如果输送带偏向左侧，须把左侧输送辊外调，使输送带拉紧。如偏向右侧时须把右侧输送辊往外调，使右侧输送带拉紧。在调整时应把握好松紧度，不要拉得过紧，以免把输送带拉坏。各层输送带都采用这种方法进行调整。在使用时输送带走偏，要及时调整，以免把带卡住影响生产。投料时要有专人操作，投料要均匀，保证筛在输送带上的淀粉分布平整、均匀。

第三，锅炉水温要达到 80℃ 以上。引风机、循环泵转动要正常。风机和泵每隔 5 天要注润滑油 1 次。锅炉上要配有补水箱，补水箱要保持经常有水，防止干烧损坏锅炉。补水箱要高于烘干机 1～2 米。锅炉水循环管道要装有放气水盒，与水箱连接，烧锅炉时要勤看气量大小，要以少量放出热气为准。如果气量过大应马上打开炉门或把引风机电源关掉，减少燃烧量。等水温下降后再启动。

第四，经常检查机器运转情况，发现故障应立即停车排除。

第五，烘干作业结束后，如锅炉仍在燃烧，不要把循环泵电源关掉，以防烧坏管道。直到炉火接近熄灭，水温下降后，才能关掉循环泵。

第六，该机易受环境气温影响，气温高，空气湿度大，车间通风不好，都会影响产量。淀粉烘干作业要在清洁、无风的室内进行，不能在大风引起尘土飞扬的环境下作业，以保证淀粉的清洁。

（3）锅炉热水烘干机的维修保养

第一，正确地做好维修保养工作，保证机器正常作业。

第二，每班作业前应检查各连接部位的螺丝是否松动，如有松动，应及时拧紧。

第三，经常检查轴承座和电动机是否过热，如发现过热，应停车找出原因，排除后再进行作业。

第四，长时间停车，要上好润滑油，放净机器管道内和锅炉内的水。如果放不净水，要用防冻液把剩余水排出，以防冻坏管道和锅炉。

（4）快速气流式烘干机使用注意事项

第一，加热炉炉火点着后，要对管路预热 10～20 分钟（根据气温不同，决定预温时间长短），然后输入湿淀粉进行正式烘干作业。

第二，被烘干的湿淀粉含水量不能超过 40％，如含水量太高，应控出水分，再行烘干。

第三，热风气流温度要根据淀粉烘干情况适当控制，烘干后的淀粉要成干燥的粉末，如出现片状的熟淀粉，就是温度过高。温度控制主要是控制加热炉的火势和气流开关度，通过控制热气流的大小来实现。

第四，烘干作业结束前 10 分钟停止加火，让加热炉自动熄火。

第五，如长时间停止使用，要将管路中的淀粉清理干净，切断电动机电源，将电机遮盖好，防止潮湿；给转动部分的轴承上好润滑脂，防止锈蚀。

74. 和面机的结构和工作原理是怎样的？怎样使用和维护？

和面是淀粉制成粉条、粉丝等粉制品的第一道工序，淀粉经打芡、煮芡后进行和面（具体操作方法见本书第七十五问粉条机的使用），和面质量的好坏直接影响粉制品的质量。传统的制粉工艺是用人工或一般机械和面。一般和面机非常简单：

即由 1 个长方形口,半圆形底的容器内安装 1 个搅龙式或叶片式搅拌器,搅拌器由电动机通过一个能变反、正转的变速箱带动。以上安装好的一套和面设备,再安装到机架上,并能在机架上翻转,就组成了和面机。打好的粉芡装入和面机容器内,开动电动机反、正转动将面和好,再将容器翻转将面倒出,即可漏粉。

河北省卢龙县金牛机械制造有限责任公司生产的金牛牌ZHJ-20 型、ZHJ-40 型真空和面机是根据国外先进技术研制的新产品,它主要用于粉丝加工中对和好的淀粉进行脱气,提高粉丝产品质量。使用真空和面机漏出的粉丝密度高,呈透明状,干时不易折断,食用口感好。现将该真空和面机的使用技术介绍如下:

(1)主要结构与工作原理 ZHJ-20 型、ZHJ-40 型真空和面机是由一级搅龙、二级搅龙、缓冲器、真空泵、减速器等部件组成。其主要技术规格见表 11:

表 11 ZHJ-20 型、ZHJ-40 型真空和面机技术规格

型 号	生产率 (千克/小时)	真空压力 绝对值 (帕)	脱气率 ≥%	配套动力(千瓦)		外形尺寸 长×宽×高 (毫米)	重 量 (千克)
				真空泵	主机		
ZHJ-20 型	200	≤5000	95	4	2.2	1870×550 ×1500	
ZHJ-40 型	400	≤5000	95	4	5.5	2270×700 ×1500	

工作原理:当真空和面机工作时,与真空泵共轴直连的电动机带动特制的真空泵旋转,真空室内的气体被真空泵抽出。主机电动机旋转时,通过三角皮带、减速器带动一级搅龙和二

级搅龙旋转,其中 20 型的搅龙转速是固定的(根据用户要求,也可以做成无极调速结构),40 型的搅龙转速可以在一定范围内无极调速。一级搅龙将和好的淀粉以条状推入真空室,淀粉中的气体在真空状态下析出,析出的气体被真空泵吸走,二级搅龙将析出气体的淀粉从真空室推出,达到真空脱气的全过程(图 80)。

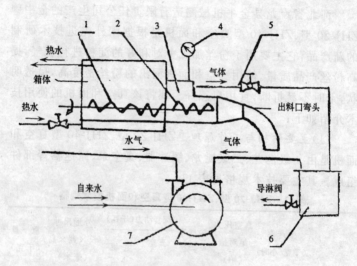

图 80　真空和面机工作流程图
1.一级搅龙　2.二级搅龙　3.真空室　4.真空表
5.真空室阀门　6.缓冲器　7.真空泵

(2)操作与维护　操作前完成以下工作:①检查减速箱油位,必要时加 30 号机械油至视孔中线位置。②检查箱体内和真空室内是否有杂物,同时用手转动减速器皮带轮,检查搅龙转动是否灵活。如发现真空室有杂物和搅龙转动不灵活,应排除后再开始工作。③启动主机电动机和真空泵电动机,检查两电动机旋转方向是否正确。如不正确,应重新调换电源接线,改变电动机旋转方向(可参看本书第三十二问)。④将泵的进水口通过阀门与自来水连通,出水口接入排水池或循环水池。⑤关闭缓冲器导淋阀和真空室出气阀。⑥将真空室视孔玻璃盖盖严。千万注意,视孔玻璃必须使用规定厚度(10毫米)的防爆玻璃,并且要求视孔玻璃下面的胶垫应平整无杂物,防止漏气或玻璃粉碎伤人。⑦冬季作业,箱体夹套内应通入50℃左右的热水,防止箱内的淀粉过冷而影响产品质量。⑧因操作室内潮湿,为防止发生触电事故,两电动机壳必须妥善接好零线。

机器启动后要做好以下工作:①启动真空泵电动机和主机电动机,检查真空泵和搅龙等运转部件工作是否正常,有无异常声音,如有问题,应找出原因,排除后再工作。真空泵加水要适量,如水量过大,会使噪音增大,电流增强。②将和好的淀粉倒入箱体内,打开闸板,并把出料口弯头搬转向上,出料口弯头内充满淀粉时,慢慢打开真空室出气阀,控制真空表指示压力大于0.095千帕。特别需要注意的是:当真空室未被淀粉密封前,不要打开真空室出气阀,防止淀粉被抽入真空泵而发生事故。③当确信淀粉中不再含有气泡时,将出料口弯头搬转向下,出料口距容器底部应在80~150毫米范围内,使脱气后的淀粉由容器底部向上翻,这样可以减少空气重新返入脱气后的淀粉内,同时把脱气率达不到要求的淀粉再返回箱体,重新脱气。④机器运转正常后,要保证真空室出料口连续出料,进料口(即一级搅龙)连续进料,不能间断,以防止淀粉被吸入真空泵内。⑤调节闸板,可以改变出料量的大小。闸板向上移,出料量增加;反之,出料量减少。⑥加入箱体内的淀粉必须干净,无杂物,以防损坏搅龙。⑦严禁把干淀粉直接加入箱体内,以防止损坏机器。⑧停车时间超过1小时,要把箱体内和真空室内的淀粉清除干净,防止启动时损坏机器。

停车时要注意做好以下工作:①当箱体内的淀粉较少时,真空室不能被淀粉密封,真空室压力开始下降时,立即关闭真空室阀门,并停止真空泵电动机和关闭自来水阀门。②使搅龙继续运转,把箱体内和真空室内的剩余淀粉推出,然后停止主机电动机。注意:当搅龙运转时,不允许用手或其他物品接近搅龙,以免伤人或损坏搅龙。③用水将箱体内或真空室内的淀粉清洗干净。④冬季要把箱体夹套、真空泵和缓冲器内的水排放干净,以防冻裂机件。

(3)常见故障与排除

①真空度小:其原因是真空管路漏气,缓冲器密封垫漏气,导淋阀关闭真空室漏气;真空室法兰垫、隔板垫或视孔玻璃密封不良;真空表损坏或真空表管路堵塞;真空室进出口未被淀粉密封;真空泵进水量太少;真空泵旋转方向不对或真空泵有故障。

故障排除方法:阀门与真空系统用 0.2 千帕水压试验找出泄漏部位,紧固泄漏部位或泄漏阀门;紧固法兰螺栓或隔板螺栓,清洗视孔密封垫;更换真空表或疏通管路;待真空室进出口被淀粉密封后再开真空室阀门;适当加大真空泵进水量;改变真空泵电动机的电源相序或检修真空泵。

②淀粉脱气率达不到要求:其原因是真空室真空度小;淀粉经脱气后,未立即使用,空气重新进入淀粉中。

故障排除方法:正常工作时,真空表指示真空度应大于或等于 0.095 千帕,如达不到以上要求,应找出真空度小的原因,进行排除;淀粉脱气后应立即漏粉使用。

③搅龙叶片损坏:其原因是布条、铁丝、螺栓等异物混入淀粉中,堵塞淀粉通道,使搅龙受力过大而损坏或异物直接挤

坏搅龙;淀粉的面、水比过大,即淀粉面和得过干或淀粉温度太低,使面变硬,搅龙受力大而损坏。

故障排除方法:加工的淀粉要清洗干净,不准混入异物;淀粉和面时加水要合适,要保持一定温度,不使面因温度低而变硬。

(4)维修与保养

第一,每天工作前要检查减速器油位,减速器油位应在视孔中线位置,不够时应补加 30 号机械润滑油。

第二,经常检查真空室内搅龙轴承支架,如发现二级搅龙与真空室有摩擦声时,应换轴承支架套。

第三,经常检查三角皮带的松紧度和各紧固螺栓的松紧度。必要时调整三角皮带的松紧度或紧固各螺栓。

第四,新的真空和面机工作 100 小时后,更换减速器内的润滑油,以后每工作 1 000 小时后更换 1 次。换油步骤如下:①拧掉减速器上的放油螺塞,放净减速器内的润滑油,然后把螺塞复位。②打开减速器上盖,加入柴油至视孔中线。③启动主机电动机,使减速器空转 1~2 分钟。④放净减速器内的柴油。⑤加入新的 30 号机械润滑油至视孔中线位置。⑥安装减速器上盖。

第五,每工作 2 000 小时检查或更换 PD65×45×12 油封和四氟轴套,更换或修复损坏的零件,两电动机轴承加润滑油。

第六,每工作 4 000 小时,拆开减速器和真空泵进行检查,必要时更换轴承、油封和磨损的零件。

75. SG-106 型粉条机的结构是怎样的?怎样使用和维护?

SG-106 型粉条机是河北省围场县棋盘山镇淀粉设备制造厂研制的,主要用于薯类淀粉制成各种规格不同的粉条。该机是根据传统人工漏粉方法研制而成,制出的粉条不仅具有不化条、不粘条、口感好等优点,而且具有用电少、效率高、无损耗等优点。下面介绍该机的结构及特点、使用调整和维修保养。

(1)结构、特点　该机由电动机、机座、机架、齿轮箱、螺旋压力器、漏粉筛片等部件组成(图 81,图 82)。

图 81　SC-106 型粉条机外形图

使用该机漏粉需将淀粉打糊来增加粘度,再通过和面机

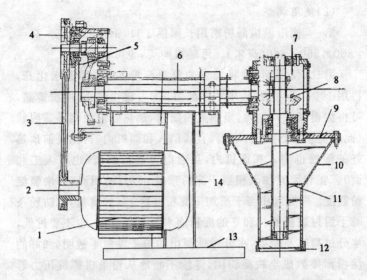

图 82 SC-106 粉条机结构图

1. 电动机 2. 电动机皮带轮 3. 三角胶带 4. 制粉条机皮带轮
5. 传动齿轮箱 6. 漏粉机横梁轴 7. 传动换向齿轮箱 8. 换向传动伞齿轮 9. 喂入料口 10. 漏粉螺旋压力器缸套 11. 螺旋压力器叶轮 12. 漏粉口 13. 漏粉机底座 14. 漏粉机机架立柱(高低可调)

将淀粉面和匀后,连续装入机斗内,利用螺旋压力,使淀粉面通过漏斗筛片制成条形进入开水锅内,煮熟后自然漂上水面,连续将粉条捞起投入冷水锅中,由人工将粉条捋齐挂好、晾干。

该机主要规格如下:

外形尺寸(长×宽×高):1 070×1 330×500(毫米)

结构重量(千克):157

生产效率(千克/小时):150

额定转速(转/分):120

配套动力(千瓦):1.5

（2）使用调整

第一，使用该机漏粉需用长形锅 1 口，锅体长×宽×高＝1 800×360×660（毫米）。可随机购买，也可自制。

第二，使用前，须将加工的薯类淀粉的 7％用温水化开，再用 100℃开水烫熟，用木棒搅匀。如发现白色，说明没烫熟，可将淀粉糊放入盆内，坐到煮粉锅内，加热到淀粉糊呈透明状（此时淀粉糊已熟透）取出，直接倒入和面机内，再把提前预热好的淀粉也倒入和面机内，接通电源进行和面（也可人工和面）。在和面时加入相当于淀粉重量 0.2％的明矾，以增强淀粉筋度。再加入相当于所加工淀粉重量 1％的食盐，以防粉条晾干后过脆折断。和好的淀粉面水分不要过高，也不要过低，水分过高容易断条，水分过低漏出的粉条发白不透明。和好的淀粉面要揪成小块淀粉团，连续不断地从粉条机螺旋压力器的左右两个人料口投入机内（两人操作最好），注意不要间断，以免出现断条。

第三，该机在使用中有 3 处可以调整：根据锅台高低和锅内水面高低，来决定漏粉口的高低位置，最好保持漏粉口距水面 100 毫米。如果达不到最佳位置，该机机架的立柱长短可调整。如果高低相差达不到 100 毫米，可将机架调节手柄锁紧螺栓松开，然后转动调节手柄，可提高或降低机器底座，高低位置调好后锁紧螺栓。

电动机三角带松紧度可以调节，将电机座两根固定螺栓松开，上下移动电动机，待三角带松紧合适后，拧紧固定螺栓。

为了能漏出不同形状和粗细不同的粉条，该漏粉机配有 3 个漏粉口筛片：1 个漏细圆条粉的小圆孔筛片，1 个漏粗圆条粉的大圆孔筛片，1 个漏扁条粉的长方形孔筛片。3 个筛片可根据需要调换使用。

第四,使用漏粉机注意事项如下:要严防石子、金属物、杂草或其他杂质混入淀粉内,以防损坏机器和影响粉条质量。在拆装维修保养机器时严禁将螺栓螺母等金属物掉进机器内,掉入后一定要找出。严禁变动机器转速。严禁将手伸入料斗内送料,以免发生事故。如有漏油,要及时修好。

(3)维修和保养

第一,每天工作前应检查连接部件的螺丝螺母是否松动,如有松动要及时紧好。

第二,工作时经常检查电动机、传动齿轮箱、轴承座是否过热,如发现过热,应找出原因,及时处理。

第三,要按时更换润滑油。新机器第一次换油使用7天,第二次为14天,以后每使用1个半月换1次油。靠电动机一头的齿轮箱用机油,漏粉机一头的齿轮箱要用黄油,将黄油抹在齿轮上。因机油过稀,容易漏到粉锅内,影响粉条质量,因此不要用机油。

第四,长时间不用,要将各部件拆开,擦拭干净,干燥后再组装起来,应润滑的部位要搞好润滑防锈工作。

六、农村其他加工机械

76. 榨油机的构造及工作原理是怎样的?

榨油机的用途是从大豆、花生、棉籽、菜籽、芝麻、胡麻、葵花籽等油料作物的籽实中榨油,是农村油坊常用的油料加工机械。主要型式有螺旋式和液压式两种。表12介绍的是农村油坊常用榨油机的性能和规格:

表 12　几种榨油机的性能和规格

项　目	ZL-70 型	M623-B 型	180 型	6YL-100 型 6YL-100A 型	ZHA-100 型
型　式	动力螺旋式	动力螺旋式	立式手摇液压	立式液压	
外形尺寸 （长×宽×高）（毫米）	1000×545 ×650	1000×600 ×800	1040×950 ×2080		260×5800 ×740
转速（转/分）	120	110			
榨油螺杆外径（毫米）	70				
榨膛内径（毫米）	72	76			
配套动力（千瓦）	4.5			4	
生产率（千克/小时）	100 （原料）	35～50 （原料）	30～50 （原料）	40～60	45～65
榨膛长度（毫米）			180		
机重（千克）			235		
油泵尺寸（毫米）			1021×330 ×450		
工作压力（兆帕）			35.28		
豆饼直径（毫米）			360		
活塞直径（毫米）				180	180
活塞最大行程（毫米）				500	500
低压柱塞直径（毫米）				40	
高压柱塞直径（毫米）				16	
生产厂家	河北省涞水县机械厂	黑龙江省鸡东县农机厂	广东省南雄市农机厂	河北省深州市机械厂	河北省灵寿县农机修造厂

（1）ZL-70型动力螺旋式榨油机的构造和工作原理　主要构造如图83,包括机架、中体组件、传动等部分。机架由前后架、传动轴、粗拉杆等构成；中体组件包括榨螺、榨笼、出饼圈、中体、料斗等；传动部分包括传动轴、皮带轮、齿轮等。

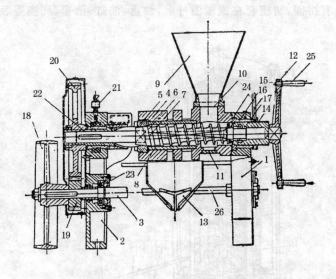

图83　动力螺旋式榨油机结构图

1.前机架　2.后机架　3.传动轴　4.中体　5.出饼圈　6.油螺（榨螺）　7.芯轴　8.榨笼　9.料斗　10.进料调节板　11.出渣口　12.调节手轮　13.接油盘　14.螺杆　15.调节螺母　16.手杆　17.小铜套　18.皮带轮　19.小齿轮　20.大齿轮　21.油板　22.大铜套　23.滚珠轴承　24.推力轴承　25.手把　26.粗拉杆

工作原理：原料从料斗流入，被榨螺旋转推入榨膛。由于榨螺根径由小增大，使原料挤压摩擦发热，在强挤压作用下，其油液被挤出。油液、油饼、油渣分别从出油口、出饼圈和出渣口排出。

（2）180型立式手摇液压榨油机的构造及工作原理　该机构造参看图84。主要由机身、油泵两大部分组成。机身包括顶盖、压盘、饼圈、围杆、立柱、油盘、油缸、活塞、底座等。顶盖与压盘间支撑着4根立柱，饼坯在顶盖、压盘之间，饼坯四周套有饼圈，饼圈套在四根围杆上，油盘、油缸、活塞、底座等装

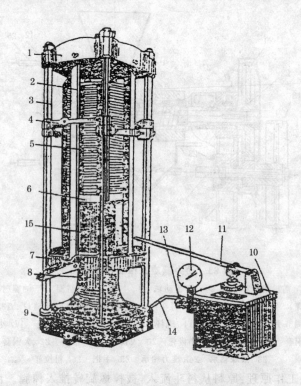

图84　180型立式手摇液压榨油机结构图

1. 顶盖　2. 围杆　3. 立柱　4. 横向拉杆　5. 饼圈　6. 压盘
7. 油盘　8. 油缸　9. 底座　10. 油泵　11. 转换手柄　12. 油压表
13. 手轮　14. 油管　15. 活塞

于压盘以下。油泵由油箱、泵体、手柄、高低压转换机构及连接件等组成,其作用是产生压力。

油箱外装有安全阀系统、油路开关等。

油泵采用高低压套式联合泵。在泵体内小活塞套在大活塞孔内。当小活塞上下运动时,大活塞不动,二者组成高压泵,产生慢速重压;大活塞与泵体组成低压泵,此时大小活塞为一整体,实现快速轻压。

工作原理:经清洗、破壳、蒸炒过的原料被装在饼圈内,在很高的工作压力下,油液被压出,由于采用"先快后慢"、"先轻后重"的压法,故可提高出油率。

(3)6YL-100型立式液压榨油机的构造及工作原理 该机主要构造如图85,由机体、手动泵、五通阀、压力表等主要零部件组成。

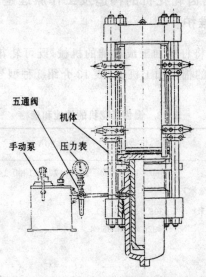

图85 6YL-100型立式液压榨油机结构图

机体由上顶、下顶、油缸、活塞、饼盘、接油盘、4根固定拉杆、2根活动阻饼柱等零件组成。

手动泵有油箱、泵体、高低压柱塞及油路附件。

五通阀由阀体、阀门、螺杆、钢球、手柄等零件组成,用于活塞升降换向。

6YL-100A型与6YL-100型的构造基本相同。100A型配用电动、手动泵,有电时用电动泵,无电时用手动泵。为了加大流量,也可同时使用电动、手动泵。电动泵配JO$_2$-41-4电动机,传动部分包括皮带轮轴、皮带轮、B型三角带、齿轮、偏心轮轴、偏心轮等。

工作原理:经清洗、破壳、蒸炒后的原料,在强压下,其油液被压出。

77. 锯齿轧花机的构造及工作原理是怎样的？怎样使用和维护？

该机是将籽棉加工成皮棉的机械,既可轧花,又可剥绒,是农村常用的棉花加工机械。表13介绍3种型号轧花机的性能规格:

表 13　锯齿轧花机的性能和规格

项　目	MY-20 型	JYB-20A 型	MYM-20 型
外形尺寸 (长×宽×高)(毫米)	1560×1700×940	1275×770×1300	1470×825×1833
锯片辊筒尺寸(毫米)	φ305×369(轧花) φ320×378.35 (剥绒)		φ305×369.55
转速(转/分)	650	645	650

项　目	MY-20 型	JYB-20A 型	MYM-20 型
锯片数（片）	20（轧花）35（剥绒）		
毛刷辊转速（转/分）	1380	1570（轧花） 1200（剥绒）	
轧花生产率（千克/小时）	75～80（皮棉）	70～80（皮棉）	70～80
剥绒生产率（千克/小时）	头道250 二道210 三道200 （籽棉）	头道250 二道200 三道150～200 （籽棉）	
配套动力（千瓦）	4.5	4.5	4.5
机重（千克）		400	
生产厂家	河南省安阳地区棉花加工厂	河北省晋县农机修造厂	河南省驻马店机械厂

（1）构造　该机由喂花、清花、轧花、集棉等部分构成（图86，图87）。

喂花、清花部分包括料斗、喂花辊、清花辊筒、排杂网等零部件。料斗位于清花装置顶端，是由铁皮制成的长方形漏斗。喂花辊位于料斗之下，辊为木制，辊轴为铁制，共有两个辊，每个辊的圆周上有 6 行刺钉。两辊轴的右端伸出机外，轴上装有 1 对齿数相同的齿轮，一辊轴左端伸出机外，轴上装有平衡轮 1 个，作皮带轮用。

清花辊筒系一包有铁皮的圆筒，表面钉有刺杆，辊轴两端均伸出机外，均安装皮带轮。

排杂网为铁丝编织的半包围清花辊下部的网。

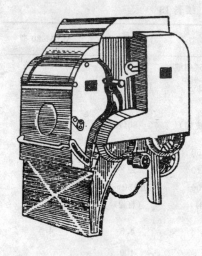

轧花部分又称轧花工作箱,分为前箱、后箱。前箱包括棉籽梳、锯片辊筒、抱合板、肋条排等,其作用是使棉纤维与棉籽分离。后箱由毛刷滚筒、前后挡风板、排杂调节板等组成。其作用是刷下锯片齿上的棉纤维,排除一部分杂质,并将棉纤维吹送到集棉部分。

集棉部分由集棉辊筒、压棉辊和淌棉板组成。其作用是接受毛刷滚筒送

图86 MY-20型锯齿轧花机外形图

来的皮棉,清除部分杂质,并将皮棉压成均匀棉片,将其送出机外。

(2)工作原理 籽棉从料斗经喂花辊均匀地落于清花辊筒上,被辊筒上的刺杆击松,细小杂质从排杂网排出。松散的籽棉被清花辊抛入工作室,由于锯片辊筒的旋转,将籽棉旋成棉卷,且因棉纤维受到锯齿钩拉,与棉籽分开,又由于肋条排的阻止作用,使棉籽顺肋条经棉籽梳落于机外,由锯齿拖过肋条的皮棉被高速旋转的毛刷辊筒刷下,并被吹至集棉筒的筛网上,而不孕籽与较重的杂质则被分离出,集棉辊将皮棉连续收集送至压棉辊,皮棉被压成棉片排出机外。

(3)安装、使用和保养 关于轧花机的安装、使用和保养注意事项与前面介绍的饲料加工粉碎机械基本相同。特别需要提出注意的是,要认真做好防火工作。

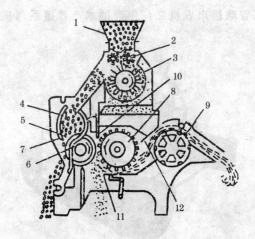

图 87 MY-20 型锯齿轧花机结构图

1. 料斗 2. 喂花辊 3. 清花辊 4. 工作箱 5. 锯片辊筒 6. 肋条排 7. 抱合板 8. 毛刷辊筒 9. 集棉辊筒 10. 反射弧板 11. 不孕籽调节板 12. 消棉板

78. 水产养殖机械的主要种类、用途及主要技术规格是什么？

我国的水产养殖主要有池塘养鱼、养虾、养鳗、养蟹等，水产养殖机械主要有增氧机、投饵机、饲料搅拌机、切鱼机等。

（1）增氧机 主要用于养虾、养鳗、养鱼池中的增氧，改善水质，防止死亡，提高养殖密度和质量。主要性能特点是：电动机通过减速箱带动水车式叶轮，使叶轮以最佳速度运转，使水不断循环，将底层水提出水面并产生水跃，形成水花和水膜与空气接触，使空气中的氧分子不断溶于水中，达到增氧的目的。同时，增氧机在作业中形成定向水流，模拟自然生态环境，有利于鱼虾生长。

广东省顺德市农机二厂生产的水产养殖系列机械如图88。

水车式增氧机

水车式增氧机

叶轮式增氧机

图 88 增氧机外形图

几种型号的增氧机主要技术规格见表14。

表 14 几种型号增氧机的主要技术规格

型 号	YC-0.75	SCZY-1.1	YC-1.5
功 率	0.75 千瓦	1.1 千瓦	1.5 千瓦
重 量	105 千克	125 千克	140 千克
叶轮直径	660 毫米	700 毫米	890 毫米

型　号	YC-0.75	SCZY-1.1	YC-1.5
叶轮转速	87 转/分	107 转/分	82 转/分
增氧效率	1.6～1.8 千克/千瓦·小时	1.6～1.8 千克/千瓦·小时	2.4～2.8 千克/千瓦·小时
管辖水面面积	2668～4002 米² (4～6 亩)	3335～6670 米² (5～10 亩)	4002～8004 米² (6～12 亩)
配套电源	三相 380 伏	三相 380 伏	三相 380 伏

（2）投饵机　用于养殖池塘的自动投喂颗粒饲料,能节约劳动力,提高饲料利用率。该机结构先进,可定时定量投喂,投放量、投放距离、喂料间歇时间均可调节(图 89)。主要技术规格见表 15。

图 89　TK-A 投饵机外形图

表 15　TK-A 投饵机主要技术规格

项　目	数　据
功　率	0.06 千瓦
投饵距离	平均 10 米
投饵能力	0～75 千克/小时,可调
每天投放次数	1～6 次,可调
投饵总工作时间	7～56 分,可调
投饵间歇时间	4～6 小时,可调
外形尺寸(长×宽×高)	530×550×1070(毫米)
重　量	32 千克
配套电源	220 伏(单相)/380 伏(三相)

(3)饲料搅拌机　主要用于饲养鳗鱼的干饲料与水分的充分混合,使它们搅拌成有一定粘韧性的饲料,适合放入水中喂养(图 90,图 91)。主要技术规格见表 16。

图 90　SJB-1.1 型饲料搅拌机外形图

图 91 SJB 型饲料搅拌机外形图

表 16 3 种型号的饲料搅拌机的主要技术规格

型　号	SJB-1.5	SJB-3	SJB-1.1
功　率	1.5 千瓦	3 千瓦	1.1 千瓦
重　量	105 千克	200 千克	84 千克
料斗口径	600×280(毫米)	600×300(毫米)	280×400(毫米)
每次搅拌干饲料量	20 千克	40 千克	15 千克
搅拌器转速	40 转/分	50 转/分	40 转/分
配套电源	三相 380 伏	三相 380 伏	220 伏(单相)/380 伏(三相)

（4）切鱼机　主要用途是切碎杂鱼,用于喂养高档的肉食性鱼类。它可代替繁重的人工切鱼劳动,而且切块均匀,能保证喂养要求,还可用于其他动物饲养的肉食切碎工作(图

92)。其主要技术规格见表17。

图 92   QY1.1-A 型切鱼机外形图

表 17   QY1.1-A 型切鱼机的主要技术规格

项　　目	数　　据
功　率	1.1千瓦
刀片直径	φ164毫米
刀片转速	714转/分
切鱼规格	9～18毫米厚
切鱼效率	8～10千克/分
重　量	83.5千克
电　源	220伏(单相)/380伏(三相)

79. XF-65 型挤压喷爆机的结构、性能是怎样的？怎样使用？

该机是一种新型食品加工机械，以脱脂豆粕为原料，根据高变性蛋白的特点，运用远红外线加热和挤压喷爆原理设计制造而成。它能将大豆蛋白组合成瘦肉块状、牛排状等，被称为"人造素肉"，营养丰富。蛋白质含量是瘦猪肉、瘦牛肉的2～3倍，口感、结构、色泽、韧性均可与动物肉媲美。由于它不含胆固醇，中老年人经常食用有稳定血压之功能；高血压、冠心病患者经常食用，可降低血压，增强体质。

（1）整机结构及主要规格性能　该机主要结构包括：机体；传动部分，即电动机、减速器、连接器和传动齿轮；工作部分，即推料器、螺旋轴、轴筒、冷却水箱、喷头（图93）。

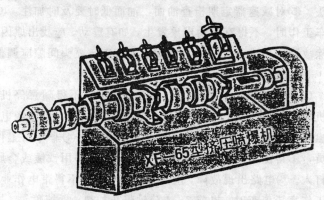

图93　XF-65型挤压喷爆机工作部分外形图

XF-65型挤压喷爆机主要规格性能如下：

①外形尺寸：长×宽×高＝2 000×650×900（毫米）

②整机重量：250千克

③使用电压为：380伏、220伏。频率50赫兹

④设备耗电量：配套电动机3千瓦，远红外线加热器6个/1.5千瓦（正常生产用2～3个加热器即可）

⑤主轴转速：75～85转/分

⑥产量：50～60千克/台·小时

生产厂家：河北省肥乡县新技术推广部

（2）安装与调整　①安装地面要平整，在2200×1500（毫米）范围内不允许凹凸不平。②安装后，用手转动皮带轮，使轴在筒内转动自如。开机前必须先进料后开车，严禁空车运转，严防金属、硬物进入轴筒内。③使用过程中，需拆下重新安装时，必须拆下轴承室中轴承清理干净。对轴筒中的糊料要清刷干净，以便再次顺利装入。④开车前各部位要认真检查，任何部位不得松动。在开车工作时，不准随便松动喷头。⑤对减速器定期检查油面，油面低时要及时加注。⑥开车工作时，不得有震动现象发生。如有震动，应找出原因，排除故障后再进行工作。⑦螺旋轴顶锥夹与喷头间隙应调整在1.5～2毫米。

（3）使用中注意事项　①正常情况下，不得随意停机。②机器工作时，工作人员不得触及加热圈接线柱，以防触电。③出现反料时，不得使用金属棍棒强行压料。④非专门工作人员，不得随便操作机器。⑤安装轴时，不得用铁锤或金属棒打入。⑥电路出现故障，应先停机后排除，不得带电作业。⑦工作完毕停车时，提前3～4分钟停止加热，拆掉喷头，排完余料，再行拆轴，这样省时、省力。接着，清刷轴筒粘料，以利于再用。

（4）大豆的除杂精选及除尘　大豆必须除杂精选后，再用湿毛巾抹干净尘土，然后进行低温脱脂（高温脱脂的豆粕

不能使用）。每 50 千克大豆出油在 5.5～6 千克为宜。豆粉要求粒度在 60 目以上。一定要注意卫生，严防碜牙不能食用。

（5）原料配制和搅拌　①每 50 千克脱脂豆粉加水 25～30 千克、盐 0.5 千克、食用碱 0.25 千克。盐、碱最好先溶入温水后再加入清水中，这样可搅拌均匀。②拌料一定要按上述要求比例配料，干湿度要适当，否则将影响产品质量。特别是含水量不能忽多忽少，不然生产过程中会使温度变化无常，难以控制，不能正常生产。

（6）工作前的准备　①机子预温及正常的工作温度：轴筒上共装加热圈 6 个，从下料口端向前第一区的 2 个为中温区，第二区的 2 个为高温区，第三区的 2 个为低温区。②预热时第一区定温 100℃～120℃，第二区 140℃～160℃，第三区 80℃～100℃。③各区加热完毕后，停止加热，但不能马上开车工作，必须停止 10～12 分钟，等到轴筒内外接近恒温时，方可开车工作。

（7）常见故障及排除方法　①不出肉：故障原因是原料配合比不当；喷头间隙阻死；喷头部分加热过高。②喷碎肉：故障原因是原料配方含水量较大。③反料：故障原因是原料含油量过大；原料含水量过大；第一区温度过高。

故障排除方法：从以上 3 个故障产生的原因来看，均是由于配料和操作不当引起的。因此，为防止故障发生，要求使用人员按章办事，认真总结经验，了解机器工作原理和特性，熟练掌握操作技术，就能操作自如，不出故障。

80．YS-Ⅱ型家用面条机的主要性能、构造和工作原理是怎样的？

湖北省广济活塞环厂生产的家用面条机结构新颖，制作精细，小巧美观，手摇加工，使用方便，清洁卫生。可压制多种厚薄、粗细规格的面条，适合家庭使用。

（1）主要性能规格

外形尺寸　长×宽×高（毫米）：210×200×145

重量（千克）：3.32

生产效率（千克/小时）：3

加工面条厚度（毫米）：1挡　2.5；2挡　2；3挡　1.5；4挡　1；5挡　0.5；6挡　0.1

（2）主要构造　该机由光面辊、宽面辊、窄面辊、机架、固定夹、调节旋钮、摇把等部件构成（图94）。

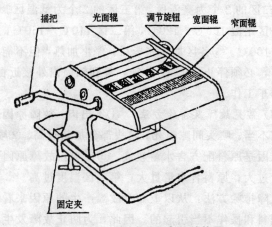

图94　YS-Ⅱ型家用面条机结构图

（3）工作原理　光面辊将和好的面团挤压成面皮，宽面辊或窄面辊（切面刀）将面皮切成面条。

参考文献

1　镇江农机学院编·农机手册（下）·上海：上海人民出版社，1974 年 10 月

2　农业部农业机械化管理司编·农机化适用技术推广手册·北京：机械工业出版社，1993 年 6 月

3　河北省科学技术协会主编·村镇实用技术手册（下册）·北京：农业出版社，1986 年 10 月

4　全国农机科技总网、齐齐哈尔市农机研究所·全国农机科研成果汇编第二、三册·北京：中国农业机械化科学研究院科技情报所出版，1989 年 12 月

5　白毅·农村实用电工·气象出版社，1991 年 5 月

6　华中工学院"农村机械工人综合技术手册"编写组·农村机械工人综合技术手册·北京：科学出版社，1973 年 12 月

7　张吉新·新型淀粉烘干机·农业机械杂志·1998 年 11 期总 436 期 23 页

8　河北省农业机械学会"农家小农具"编写组·农家小农具·21～85 页

9　河北省承德市农机管理站·米面加工机械（内部资料）·1997 年 11 月

10　河北省围场县棋盘山镇淀粉设备制造厂：土豆加工分离系列产品说明书

11　河北省围场县棋盘山镇淀粉设备制造厂：SG-360 型薯粉分离机说明书

12　河北省围场县棋盘山镇淀粉设备制造厂：烘干机说

明书

13　河北省围场县棋盘山镇淀粉设备制造厂：SG106型粉条机使用说明书

14　河北省围场县农机修造厂：9Z-0.5型铡草机使用说明书

15　河北省秦皇岛市卢龙县第一机械厂：6SF-20型薯豆磨浆分离机使用说明书

16　河北省卢龙县金牛机械制造有限责任公司：SFJ-20型薯类浆渣分离机使用说明书

17　河北省卢龙县金牛机械制造有限责任公司：真空和面机使用说明书

18　广东省顺德市金顺达机器有限公司、广东省顺德市农机二厂：水产养殖机械系列产品介绍

19　广东省顺德市塑料机械集团公司、广东省广州市农业机械研究所：农产品废弃物利用成套设备介绍

20　北京燕京牧机集团：9PS-500型配合饲料加工成套设备使用说明书

21　北京燕京牧机公司：9FQ40-20型锤片式饲料粉碎机使用说明书

22　北京燕京牧机集团二厂：9SC-400型锤片式饲料揉搓机使用说明书

23　河北省肥乡县新技术推广部：XF-65型挤压喷爆机使用说明书

金盾版图书，科学实用，
通俗易懂，物美价廉，欢迎选购

米粉条生产技术	6.50元	竹荪平菇金针菇猴头菌	
粮食实用加工技术	7.50元	栽培技术问答	4.40元
农产品深加工技术2000		草生菇栽培技术	6.50元
例——专利信息精选		白色双孢蘑菇栽培技术	6.50元
（上册）	9.00元	鸡腿菇高产栽培技术	7.00元
农产品深加工技术2000		黑木耳与银耳代料栽培	
例——专利信息精选		速生高产新技术	5.50元
（中册）	12.00元	黑木耳与毛木耳高产栽	
农产品深加工技术2000		培技术	2.90元
例——专利信息精选		食用菌病虫害防治	4.90元
（下册）	11.00元	食用菌科学栽培指南	22.00元
发酵食品加工技术	5.50元	新编食用菌病虫害防治	
蔬菜加工实用技术	6.00元	技术	5.50元
水产品实用加工技术	7.00元	地下害虫防治	6.50元
食用菌周年生产技术	6.70元	怎样种好菜园（新编北	
食用菌制种技术	6.00元	方本修订版）	14.50元
食用菌实用加工技术	5.30元	怎样种好菜园（南方本	
食用菌栽培与加工（第		第二版）	5.60元
二版）	4.80元	蔬菜生产手册	10.00元
灵芝与猴头菇高产栽培		蔬菜栽培实用技术	16.50元
技术	3.00元	蔬菜生产实用新技术	15.50元
金针菇高产栽培技术	3.20元	种菜关键技术121题	13.00元
平菇高产栽培技术	3.50元	蔬菜无土栽培新技术	8.00元
草菇高产栽培技术	3.00元	无公害蔬菜栽培新技术	6.50元
香菇速生高产栽培新技		夏季绿叶蔬菜栽培技术	4.60元
术（第二版）	7.80元	蔬菜高产良种	4.80元
中国香菇栽培新技术	9.00元	新编蔬菜优质高产良种	12.50元

名特优瓜菜新品种及栽
　培　　　　　　　　22.00 元
蔬菜育苗技术　　　　4.00 元
瓜类豆类蔬菜良种　　6.00 元
瓜类豆类蔬菜施肥技术　4.00 元
菜用豆类栽培　　　　3.80 元
豆类蔬菜栽培技术　　9.50 元
番茄辣椒茄子良种　　5.90 元
蔬菜施肥技术问答　　3.00 元
日光温室蔬菜栽培　　7.30 元
蔬菜地膜覆盖栽培技术
　（第二版）　　　　3.00 元
塑料棚温室种菜新技术　7.50 元
塑料大棚高产早熟种菜
　技术　　　　　　　4.50 元
大棚日光温室稀特菜栽
　培技术　　　　　　7.80 元
塑料棚温室蔬菜病虫害
　防治　　　　　　　4.20 元
棚室蔬菜病虫害防治　3.50 元
保护地蔬菜生产经营　16.00 元
保护地害虫天敌的生产
　与应用　　　　　　6.50 元
蔬菜害虫生物防治　　12.00 元
新编蔬菜病虫害防治手
　册（第二版）　　　8.00 元
蔬菜优质高产栽培技术
　120 问　　　　　　4.00 元
商品蔬菜高效生产巧安排　4.00 元

大白菜高产栽培（修订版）3.00 元
萝卜高产栽培（修订版）3.50 元
根菜叶菜薯芋类蔬菜施
　肥技术　　　　　　5.50 元
黄瓜高产栽培（第二版）4.40 元
大棚日光温室黄瓜栽培　6.00 元
黄瓜病虫害防治新技术　2.50 元
冬瓜南瓜苦瓜高产栽培　4.20 元
西葫芦与佛手瓜高效益
　栽培技术　　　　　2.00 元
西葫芦保护地栽培技术　5.00 元
越瓜菜瓜栽培技术　　4.00 元
茄子高产栽培　　　　2.00 元
番茄优质高产栽培法（第
　二版）　　　　　　4.90 元
番茄实用栽培技术　　3.00 元
西红柿优质高产新技术　2.80 元
番茄病虫害防治新技术　3.70 元
辣椒茄子病虫害防治新
　技术　　　　　　　3.00 元
新编辣椒病虫害防治　4.80 元
辣椒高产栽培（第二版）3.30 元
葱蒜茄果类蔬菜施肥技
　术　　　　　　　　3.50 元
茄果类蔬菜嫁接技术　3.50 元
甘蓝（包菜、圆白菜）栽
　培技术　　　　　　2.40 元
绿菜花高效栽培技术　2.50 元
花椰菜丰产栽培　　　2.00 元

　　以上图书由全国各地新华书店经销。凡向本社邮购图书者，免收邮
挂费。书价如有变动，多退少补。邮购地址：北京太平路5号金盾出版社
发行部，联系人郭思义，邮政编码100036，电话66886188。

马铃薯清洗上料机

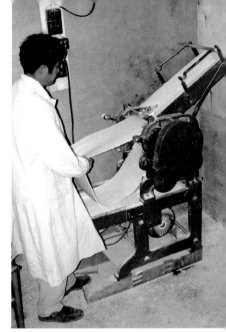

作业中的面条机

SG-360 型薯粉分离机

SC-106 粉条机（漏粉机）

责任编辑：刘真文
封面设计：侯少民

"帮你一把富起来"
农业科技丛书

- ★ 家庭科学养猪
- ★ 怎样养好绵羊
- ★ 蛋鸡饲养技术
- ★ 怎样配鸡饲料
- ★ 鳗鱼养殖技术问答
- ★ 鳜鱼实用养殖技术
- ★ 河蟹养殖实用技术
- ★ 实用养蜂技术
- ★ 金鱼养殖技术问答
- ★ 怎样种好 Bt 抗虫棉
- ★ 实用棉花病虫害防治技术
- ★ 番茄实用栽培技术
- ★ 绿菜花高效栽培技术
- ★ 花生高产栽培技术
- ★ 西洋参实用种植技术
- ★ 农药识别与施用方法
- ★ 禽肉蛋实用加工技术
- ★ 农村加工机械使用技术问答

- ★ 怎样养山羊
- ★ 怎样养好鸭和鹅
- ★ 实用养兔技术
- ★ 农家养黄鳝 100 问
- ★ 淡水虾实用养殖技术
- ★ 农家高效养泥鳅
- ★ 科学养蛙技术问答
- ★ 养龟技术问答
- ★ 怎样检验和识别农作物种子的质量
- ★ 豌豆优良品种与栽培技术
- ★ 马铃薯高效栽培技术
- ★ 棚室蔬菜病虫害防治
- ★ 大蒜栽培与贮藏
- ★ 作物立体高效栽培技术
- ★ 实用施肥技术
- ★ 肥料施用 100 问
- ★ 农机维修技术 100 题

ISBN 7-5082-1405-6

9 787508 214054 >

ISBN 7-5082-1405-6
S·612 定价：6.00 元